地下工程砂卵砾石 工程特性研究及应用

胡向阳 狄圣杰 严耿升 等 编著

中国水利水电出版社
www.waterpub.com.cn
·北京·

内 容 提 要

本书以地下工程砂卵砾石层勘察研究成果为基础，详细介绍了地下工程砂卵砾石层勘察技术特点，提出了勘察评价体系；通过物理、力学、水文地质试验和数值模拟，揭示了地下工程砂卵砾石层力学特征、变形特性、渗透特性与破坏机理等工程特性；通过地质三维建模、工程地质分类及施工等级划分、盾构施工控制研究，提出了施工措施建议。本书着重对地下工程砂卵砾石层勘察技术应用理论和实践方法进行了系统总结，提高了地下工程中砂卵砾石层勘察评价技术水平，具有广阔的推广应用前景。

本书可供市政、公路、铁路、水利水电工程等行业涉及富水砂卵砾石层勘察评价的技术人员和科研人员参考和使用。

图书在版编目（CIP）数据

地下工程砂卵砾石工程特性研究及应用 / 胡向阳等编著. -- 北京 ： 中国水利水电出版社，2024. 11.
ISBN 978-7-5226-2922-3

Ⅰ．TU94

中国国家版本馆CIP数据核字第20242PU726号

书　　名	**地下工程砂卵砾石工程特性研究及应用** DIXIA GONGCHENG SHALUANLISHI GONGCHENG TEXING YANJIU JI YINGYONG
作　　者	胡向阳　狄圣杰　严耿升　等 编著
出版发行	中国水利水电出版社 （北京市海淀区玉渊潭南路1号D座　100038） 网址：www.waterpub.com.cn E-mail：sales@mwr.gov.cn 电话：（010）68545888（营销中心）
经　　售	北京科水图书销售有限公司 电话：（010）68545874、63202643 全国各地新华书店和相关出版物销售网点
排　　版	中国水利水电出版社微机排版中心
印　　刷	北京中献拓方科技发展有限公司
规　　格	184mm×260mm　16开本　12.5印张　304千字
版　　次	2024年11月第1版　2024年11月第1次印刷
定　　价	**98.00**元

　　随着我国基础设施建设迅速发展，地下工程获得了快速发展。许多地下工程以广泛分布的渗透性高的砂卵砾石层为载体。砂卵砾石土是由卵石和一定数量的漂石、砾石、砂和细粒土颗粒混合而成，具有不均匀、非连续的特性，在地下工程中属于典型的力学不稳定地层，其物理力学特性与一般黏性土、黄土、软土以及复合地层等存在较大差别，相应勘察技术、力学性质、力学参数、安全稳定与施工技术问题是地下工程建设中的关键问题。

　　本书结合工程实践，系统研究了地下工程砂卵砾石层的勘察技术和试验方法，通过试验和砂卵砾石层细观特征重构及其颗粒流力学特性研究，揭示了其力学特征、变形特性、渗透特性与破坏机理等工程特性，并针对地下工程盾构施工提出了工程处置措施等，主要内容包括：

　　（1）总结了砂卵砾石层的沉积构造和组成结构特征，明晰了针对不同工程类型该地层勘察的重点和难点问题，阐述了砂卵砾石层勘察时常用的钻探工艺，对比分析了原位测试孔采用的钻探工艺之间的优缺点。针对常规钻探工艺中出现的原状土体取样困难和土层鉴别度不高等问题，提出了取样和土层鉴别孔的新型钻探工艺，且将其用于具体的工程实际中，验证了其良好的工程实用性；基于砂卵砾石层勘察工程目的和目标、不同工程类型需关注的重点和难点，构建了完整的砂卵砾石层勘察评价体系。

　　（2）在砂卵砾石层的勘察钻探施工方面，分析了砂卵砾石层钻探对勘察评价的影响，并探讨了相应的应对策略；对砂卵砾石层钻探工艺效率低下问题提出了改进钻探方法；在砂卵砾石层成孔方面介绍了一种适用于砂卵砾石层钻孔护壁绿色泥浆制备及自循环装置、绿色泥浆泥渣快速分离器装置。

　　（3）在砂卵砾石土的岩土力学试验方面，建立了基于大型原位压缩试验、大型原位剪切试验、原位基床系数测试试验、旁压试验、抽水试验等一体的物理力学和水文地质特性试验体系。试验得出，随着深度增加，土体的孔隙减少，密实度增加，但剪切位移逐渐减少。砂卵砾石土的颗粒级配情况对剪切面力学性质起控制作用。粗颗粒对卵石土强度控制的阈值约为30％和70％。砂卵砾石层垂直方向 $K30$ 一般大于水平方向，基床系数的数值与试验深度密切相关，其大小受土体的物理性质、作用时间、地下水及实验条件的制约。

场地内利用旁压计算的地基承载力特征值与其他测试方式得出的地基土承载力特征值基本一致；利用旁压测试计算得出的卵石土变形模量是重型动力触探计算查表得出的结果的 3～5 倍，明显偏大。计算得出的水平基床系数与现场 $K30$ 试验以及经验查表法相比明显偏大，而且离散性高。

（4）在砂卵砾石区域的城市轨道交通勘察过程中，引入了三维建模计算方法，该法能够快速建立，满足勘察需求，最大限度地保证了数据的准确可靠性和模型的客观准确性。地质三维模型可更为直观、易懂地表述地层相互关系，完成从面到体的转变。通过将结构设计融入勘察资料中，更有助于体现地质条件对工程建设的影响。三维可视化及三维建模软件，在建模过程中采用流程化建模，其对不规则面的局部修正、彼此相交（针对地层尖灭、断层错动、透镜体）等情况，较之常规软件优势更为突出，且通过各种约束不断修正、不断逼近实际情况，实现了轨道交通勘察过程中的特殊岩土和不良地质等特殊地质信息在结构体中的立体反映，简化明晰了勘察评价过程。

（5）基于数字图像处理计算对砂卵砾石边坡进行图像识别处理，通过运用离散元数值计算方法，建立了砂卵砾石混合体细观结构构造方法，分析了砂卵砾石混合体细观特征对滑面形成机制的影响规律。在此基础上，分析均质土斜坡与混合体斜坡破坏机理及滑面发展的不同，同时对比不同含石量情况下混合体斜坡滑面的发展过程，可用于基坑斜坡等工程的破坏机理分析。

（6）针对砂卵砾石层，提出了漂卵石盾构掘进"三平衡控制"机理，明确了复合式渣土改良、出渣量三重控制、同步注浆等关键技术。结合盾构施工中富水砂卵砾石层工程，建立了基于物质组分、组构特征的工程地质分类方法，探讨了砂卵砾石层分类及对应岩土施工分级方法，可作为盾构机选择的指标。以兰州某地铁乘车站基坑工程和穿黄隧道盾构工程为例，利用本书研究成果，综合试验结果、数值模拟结果获得了合理的岩土力学参数，为砂卵砾石层盾构机选型与施工控制提供了重要依据。

本书在编写过程中得到了中国电建西北院相关领导和同事的支持和帮助，相关工程的建设单位、设计单位、施工单位、科研院所提供了相关资料，在此表示衷心感谢。

本书第 1～2 章由胡向阳编写；第 3 章由严耿升、赵成编写；第 4 章由曲鹏飞、严耿升、狄圣杰编写；第 5 章由狄圣杰编写；第 6 章由赵成、王小兵、杨俊编写；第 7 章由胡向阳、严耿升编写；第 8 章由何小亮、赵成编写；全书由胡向阳、狄圣杰、严耿升统稿。

由于作者水平有限，书中难免有一些错漏和不妥之处，敬请读者批评指正！

编者

2024 年 6 月

目录
CONTENTS

第1章 绪 论

1.1 地下工程砂卵砾石工程特性研究面临的主要问题

基于客流服务需要，市政工程一般设于城市核心地带，如地铁车站、区间隧道一般需穿越城市核心区，交通繁忙、建筑物密集、地下管网密布，施工条件受到许多限制。如成都地铁5号线一、二期工程区间隧道，仅下（侧）穿重要建筑物就有百余处，其中一级与特级风险源达30余处，包括火车北站铁路咽喉区、成灌铁路、铁路局家属院老旧危房建筑群、一环路老旧拱桥（西北桥）、已运营地铁线路、城市高架桥与下立交、府南河与锦城湖、（超）高层建筑等，同时也存在国家级文物望江楼与四川大学早期建筑群的避让与保护要求。这些区域对盾构施工引起的地表沉降及地层位移的控制极其严格。故对于市政工程区间隧道、基坑等岩土对象而言，如何控制其施工对周围环境的影响，是必须重点关注的问题。

近年来，随着各大市政工程建设的迅速发展，大量地下工程，如城市地下空间开发、高层住宅地下室或人防工程、轨道交通地下车站以及地下交通工程的隧道等，都建设于砂卵砾石层中。

砂卵砾石是由卵石颗粒及一定数量的漂石、砾石、砂和细粒土混合而成的一种土石混合物，属于混合土范围，具有不均匀、非连续的特性。它既不同于一般的碎裂岩体，又有别于一般的均质土体，是一种介于岩体和土体之间的特殊地质材料。砂卵砾石层作为地基，具有较高的承载能力和较强的抗变形能力，是良好的地基持力层。但是作为地下工程的围岩和基坑边坡，属于典型的力学不稳定地层，其物理力学特性与一般黏性土、黄土、软土以及复合地层等存在较大差别。具体而言，砂卵砾石具有胶结较差、结构松散、颗粒间空隙大、颗粒级配不均匀、地层相变复杂等特点。其单个卵石强度高，卵石颗粒点对点传力、渗透系数大、其物理结构受扰动后极易自行崩塌，自稳能力差、黏聚力小、内摩擦角大等。特别是在江河的河床、漫滩或岸边低阶地，在高水头和强透水性的耦合作用下，给工程勘察和工程建设带来了较大困难。

由于砂卵砾石层具有结构松散、自稳能力差、卵石强度高、地下水丰富等特征，常规的钻探方法钻进困难、容易塌孔、岩芯采取率低、极易漏失砂层透镜体等关键地层等，取样困难，无法取得原状样；受钻孔孔径的限制，扰动样往往代表性不强；室内试验方法只能针对扰动样或单个卵石颗粒，无法取得原状砂卵砾石体的物理力学参数等。因而现有勘探、取样与试验测试技术适用性较差，常规的勘察和评价技术方法很难满足查明地下工程对砂卵砾石特征的要求；同时针对地下工程特性评价及评价体系并不明晰。

砂卵砾石层作为深大基坑边坡及暗挖隧道围岩，易发生坍塌、涌水、喷涌、地震液化等诸多问题，给地下工程建设带来了巨大威胁。例如，在成都地铁 10 号线隧道基坑开挖过程中，由于大量砂卵砾石层的存在且该地区地下水丰富，基坑出现渗流破坏，围护结构出现大幅变形；北京地铁 9 号线区间隧道穿越含大粒径砂卵砾石层时，在盾构推进过程中，出现盾构刀盘频发磨损和卡盘事故，盾构土压力控制值偏小、波动范围大，局部出现地表沉降超限和地面塌方等事故。在兰州、南宁以及西安等地[1-5]，砂卵砾石土地层（卵石含量在 40%～70%，体积比）中盾构法隧道工程遇到的问题也越来越突出，比如刀盘刀具磨损严重与掘进效率低下、掘进超挖与地层空洞现象普遍、刀具检修引起开挖面地层失稳、盾尾后方隧道上浮严重、成型隧道偏离设计轴线、管片碎裂与渗漏等，可能导致周边建（构）筑物沉降或裂缝风险、隧道贯通后需要进行大范围调线调坡、大量管片需要进行修补等不利后果，在一定程度上无法满足建设环境友好型社会的要求。总而言之，砂卵砾石层中盾构施工和深基坑施工是国内外工程界公认的难题，能否有效解决这些难题，将直接影响工程的成败。

此外，在砂卵砾石层的桩基施工中存在塌孔与成桩质量差的问题，也给市政工程建设带来了一系列灾害，亟须进一步研究，提出创新施工技术。

基于上述研究背景，中国电建集团西北勘测设计研究院有限公司联合中国水电基础局有限公司、河海大学、大成科创基础建设股份有限公司等单位，借助国家自然科学基金以及若干重大工程科技课题资助，针对工程中常见的砂卵砾石土层的工程特性和施工创新技术进行了系统研究，具体包括：①提出砂卵砾石混合土的勘探钻探取样与室内测试新技术，明晰混合土的物理力学特性且提出完整的工程特性评价体系；②基于颗粒流-离散元方法提出砂卵砾石土层的渗流侵蚀理论，分析高地下水位情况下砂卵砾石地区基坑和隧道的渗流侵蚀/变形破坏机理；③提出一系列施工新技术、施工参数与模式，以解决砂卵砾石土层中频发的盾构刀盘磨损/卡盘/掘进缓慢、基坑渗流破坏与围护结构变形较大等工程难题。这些研究成果将在一定程度上加深对砂卵砾石层物理力学特性的认识，同时能为地下工程的快速与安全施工提供指导，具有非常重要的工程价值和社会意义。

1.2　国内外研究现状

河流冲洪积形成的砂卵砾石层是一种特殊介质，由于颗粒组成中包含漂石、卵石、砾石、砂和细粒土，其工程性质与沉积过程、沉积时代、后期构造运动过程有关，不同粒径的颗粒分布具有强烈的随机性和不均匀性，在砂卵砾石层形成的过程中，往往会形成土岩交界面、断层破碎带、岩性分界面等宏观结构面。因此，砂卵砾石层具有宏观上的不连续性和微观、细观上的不连续性，其受力后不均匀变形差异大和原始形态不稳定，已经成为我国部分地区进行地下工程建设的新难题。

随着城市的发展，城市市政建设需求迅猛增长，很多地下工程要下穿城市中的河流、湖泊等地表水体，修建或规划于砂卵砾石层的地下工程越来越多，例如国内已经先后在北京地铁、成都轨道交通、沈阳地铁、西安地铁、兰州轨道交通等工程建设中遇到了穿越河流砂卵砾石层问题，给设计和施工带来了极大挑战。

1.2.1 砂卵砾石层勘察钻探以及室内试验技术

目前，国内关于地下工程遇到砂卵砾石层的研究多着眼于设计和施工期的技术问题，如"卵石含量高、粒径大的河床砂卵砾石层中盾构选型研究""河床砂卵砾石层深基坑设计与施工""河床大粒径卵石地层盾构施工技术"等[6-11]，对前期作为基础性工作的勘察技术和评价研究较少。

在砂卵砾石层勘察技术和工程地质评价方面，研究人员目前主要采用钻探取芯、标准贯入试验、动力触探 N_{120} 试验、室内试验、钻孔 PS 测试、浅层平板载荷试验、电法工程物探测试等多种手段评价砂卵砾石地层的承载力、密实度、地层分界及厚度变化、地下水分布等工程性质[12-17]；在施工中，大直径钻孔灌注桩中采用筒钻法、潜孔锤、岩芯聚能爆破以及筒钻回转切石等多种施工工艺[18-23]，一定程度上提高了含大漂石和卵石地层钻进成孔。石金良[24]主编的《砂砾石地基工程地质》（1991 年）总结了砂砾石地基工程实践，以砂砾石概论、砂砾石的成因类型、地质特征、分布规律为主导，对砂砾石地基的勘探、试验、砂砾石地基工程地质评价、砂砾石地基处理与观测等进行了总结归纳，填补了我国砂砾石地基工程地质方面的空白；我国水利水电勘测设计部门在水利水电勘测过程中，对河流深厚覆盖砂卵砾石层勘察与评价技术，对钻探方法和工艺、物探测试新技术的应用和选择、物理力学性质试验方法等亦进行了较系统的研究[25-36]，取得了丰富的成果。

国外对砂卵砾石层的变形、强度等工程性质也进行了不少试验研究[37-46]，但鲜有针对城市地下工程施工的，只是在水电工程领域有一些工作。如巴基斯坦 147m 高的塔贝拉土斜墙堆石坝，建基于最厚达 230m 的覆盖层上；蓄水后，坝基渗透量大，1974 年蓄水后曾发生 100 多个塌坑，经抛土处理后 1978 年趋于稳定。埃及的阿斯旺土斜墙坝，最大坝高为 122m，覆盖层厚 225~250m，采用悬挂式灌浆帷幕、上游设铺盖、下游设减井等综合渗控措施，帷幕灌浆最大深度达 170m，帷幕厚 20~40m。加拿大的马尼克 3 号黏土心墙坝，砂卵砾石覆盖层最大深度为 126m，并有较大范围的细砂层，采用两道净距为 2.4m、厚 61cm 混凝土防渗墙，墙顶伸入冰渍土心墙 12m，墙深 105m，其上支承高度为 3.1m 的观测灌浆廊道和钢板隔水层；建成后，槽孔段观测结果表明两道墙削减的水头约为 90%。

地下工程勘察中，不仅要查明砂卵砾石层作为地基持力层的承载特性、桩基端阻和侧阻参数等，更重要的是需要查明作为地下工程基坑边坡和隧道围岩的地层结构、不利夹层、抗剪强度指标、变形指标、基床系数、静止侧压力系数、渗透稳定性、热物理指标、电阻率特性、地温特性、场地内地表和地下水与拟建地下工程的水力联系，以及作为盾构施工对象的粒径、强度、渗透性等，来评价明挖法基坑坑壁稳定性、桩基施工特性、暗挖法围岩稳定性、地下水渗透稳定性和盾构施工特性等。过去大多研究着重从竖向荷载地基基础的角度研究卵石地层的勘察和评价方法，没有针对地下工程的特点，对砂卵砾石层的地层结构和颗粒分布、基坑坑壁稳定性、围岩稳定、桩基和盾构施工特性、渗透稳定性、物理力学特性等勘察评价的关键技术进行系统深入的研究。

综上可知，现今国内外对地下工程砂卵砾石层的设计方案、工程处理措施研究较多，对其勘察、评价等方面的研究甚少，工程实例较多而理论的凝练与提升较少，科技论文成果缺乏系统性和基本理论支撑。针对上述问题，本书重点研究针对地下工程建设中砂卵砾石地层的勘察方法与体系，以期促进基础理论完善和实践效果的提升。

1.2.2　砂卵砾石层物理力学特性分析研究

砂卵砾石层的物理力学特性、水文地质特性等研究主要通过室内试验和原位测试实现。如力学参数方面室内试验主要采用大中型三轴压缩仪、剪切仪，通过室内压缩、剪切试验等获得砂卵砾石土强度和变形参数[47-52]；现场大型原位测试主要通过直剪试验、载荷试验进行[53-54]。此外，部分学者关于砂卵砾石层的研究在试验基础上进行了数值模拟研究[55-59]。研究表明，砂卵砾石土变形破坏与颗粒大小、粒径组成、粗糙程度、充填物的胶结程度和密实程度关系密切，砂卵砾石层在破坏时具有典型的空间随机性。室内试验研究发现砂卵砾石混合土料的力学特性随岩性、含石量、密实度及颗粒最大粒径等因素发生变化，其剪胀性能、剪切面的起伏特征和分形特征决定了土石混合料的剪切变形破坏方式。对散体岩土体的力学试验研究表明，散体岩土体的应力-应变关系为非线性硬化型，材料的应力-应变关系基本符合邓肯-张模型的双曲线假设。通过分析砂卵砾石混合土中不同块石条件对砂卵砾石混合土力学特性的影响，发现砂卵砾石混合体应力-应变曲线与均质土体相比产生了较为显著的变化，主要表现为初始弹性模量增大曲线变陡，所有试样的应力-应变曲线在峰值前后较大范围基本呈水平状发展；其变形破坏方式表现为材料剪切破坏，块石的排列方式、块石的形状以及块石的数量都会对剪切面的形成产生影响；块石的数量和磨圆度对强度有影响，磨圆度越好其强度值也就相应越低。Kawakami et al.[45]根据三轴试验局部位移计的测试结果，认为砂、砾石和软岩在轴向应变小于10^{-5}量级时均具有线弹性性质，此时静力和动力荷载下的变形参数是一致的。Yasuda et al.[39]比较了均匀系数相等，最大（小）颗粒直径和最大（小）孔隙比不同的两组堆石料的剪切模量特性，指出在同样的剪应变下，其模量相差约20%，但大致保持平行关系。可见，颗粒粒径越小，级配越差，剪切模量值越低。

砂卵砾石层由于具有高度非均质、非连续、非线性等特点，其力学试验研究受到一定局限，当前已有的试验系统并不能真实反映砂卵砾石颗粒间的胶结作用，因此将这一问题均匀化；随着计算机技术的发展，砂卵砾石土的数值分析可以从不同角度探讨其变形破坏机理、强度特征等力学特性。吴东旭等[58]以三维颗粒流程序工具，建立了砂卵砾石土直剪试验数值模型，研究了砂卵砾石土直剪试验的剪切破坏现象。赵志涛等[59]基于北京铁路地下直径线典型砂卵砾石层试样的大型三轴排水试验结果，对复合土样三轴试验的破坏过程进行了数值模拟，再现了土样三轴试验的偏应力-应变关系，探究了砂层对复合试样强度和破坏规律的影响。罗振林[60]采用湍流模型并通过商用数值软件模拟了砂卵砾石层隧道勘探中反循环钻进过程，计算了不同岩屑大小、不同钻杆位置和不同排量条件下钻杆中岩屑体积分数分布及内钻杆流速。马腾[61]采用颗粒流离散元软件EDEM，研究了不同刀盘形式和覆土厚度下盾构机刀具磨损特性。刘新建等[62]建立了三维数值模型，研究了砂卵砾石层中管幕施工对地层扰动变形的影响，结果表明：管幕施工对上部地层的扰动以沉降为主；砂卵砾石层中管幕预支护体系能够减少隧道施工对上部土层的扰动；在管幕预支护体系作用下进行新建隧道的施工，能够将既有结构的沉降变形控制在允许范围内。高明忠等[63] 通过数值实验研究了卵石几何特性对卵石地层等效弹性模量的影响，结果表明：随着卵石面积百分含量的增加，等效弹性模量增加；随着卵石主轴与水平面夹角的增加，等效弹性模量增加；随着卵石扁平度的增加，等效弹性模量减少。

从已有研究成果来看，多有针对砂卵砾石宏观力学的分析，未能考虑颗粒构成与细观特征之间的相互影响，未将砂卵砾石的细观特征与宏观参数相对应。同时，未能考虑荷载施加进程中砂卵砾石土体的渐进破坏过程。

1.2.3 荷载作用下的砂卵砾石土体分析模型

从既有的文献中可以发现，鲜见针对砂卵砾石层的力学本构模型。针对粗粒土的力学特性研究，目前初步形成了简单情况下的力学分析模型，如迟世春等[54] 根据三轴试验数据建立了考虑颗粒破碎耗能的应力-应变关系，采用相关联流动法则推导考虑颗粒破碎的粗粒土剪胀性"统一本构模型"，并建立了初始状态参量与模型参数之间的关系。孙海忠等[53] 提出了考虑颗粒破碎的粗粒土临界状态弹塑性本构模型，张嘎等[64] 提出了粗粒土与结构接触面统一本构模型，潘家军等[65] 提出粗粒土非线性剪胀模型，褚福永等[66] 提出粗粒土初始各向异性弹塑性模型等。前述研究主要侧重于宏观模型，研究粗粒土的峰值强度、剪胀性、应变硬化或软化规律，未研究砂卵砾石复杂细观结构对其力学特性的影响，特别是高水位超厚砂卵砾石土体，在盾构加载切削效应下的破坏准则与本构关系方面，尚未有比较深入的研究成果。

在砂卵砾石土体微观结构力学研究方面，砂卵砾石在荷载作用下的结构破坏过程相当复杂，是一个伴随裂隙衍生、发展直至结构破坏的过程。砂卵砾石土体的宏观力学特性的复杂性缘于其细观结构的复杂性，正是由于砂卵砾石由不同形状、不同大小的颗粒随机堆聚而成，且受力变形过程伴随着颗粒破碎、滑移、转动变化，因此，其微观力学特性也表现出强烈的离散特征。针对这些现象，采用颗粒破碎理论模拟材料的裂隙发展及结构破坏过程。目前，随着均质化理论的运用，可以在应变协调假定的基础上，将砂卵砾石层进行均质化，结合横观各向同性材料的本构方程，给出均质化后砂卵砾石层弹性模量以及泊松比的求解方法，该方法在模拟与裂隙有关的物理力学特性方面取得了一些成果，但是微观结构数值模拟的稳定性及可靠性问题尚未得到解决。目前的微观本构模型主要针对简单的剪切试验，对于高水位超厚砂卵砾石介质来说，由于颗粒组成、粗糙程度、渗透性等因素的影响，如何采用均质化理论对胶结介质进行概化，需要针对不同情况进行深入研究。

第2章 地下工程砂卵砾石层勘察特点
与勘察评价体系

砂卵砾石层是我国地下工程中经常遇到的一类特殊地质体。本章基于多项工程实践，总结了该类岩土介质的勘察、设计和施工特点，分析工程地质问题的重难点，并探讨相应的工程对策。

2.1 砂卵砾石层形成与组构特征

砂卵砾石层一般是在第四系冲洪积层或冰水沉积环境下形成，距离母岩源头具有一定距离。砂卵砾石层往往分布于江河河床、两岸漫滩和阶地等地区，该地区内具有地下水位高、水量丰富、补给充沛、地下水与地表水联系紧密等特征。其中通常分布有透镜体砂层及漂石层，母岩主要是抗风化能力较强的花岗岩、石英岩、灰岩、砂岩等硬质岩，矿物成分多由石英、长石为主的硬质矿物组成，形状多为浑圆状、扁平状，磨圆度较好，分选性较差。主要特点如下：

(1) 往往分布于江河河床和两岸漫滩、阶地等场地，地下水位高，水量丰富，补给充沛，地下水与地表水水力联系紧密、地下水流速较高。

(2) 颗粒组成复杂，漂卵石及砂层透镜体分布不均匀，规律性不强，胶结程度一般较差、结构松散、自稳能力差、卵石颗粒点对点传力、颗粒间空隙大、渗透系数大、黏聚力小、内摩擦角大、单个卵石强度高。

2.2 砂卵砾石层勘察基本规定与重点、难点

2.2.1 勘察基本规定

由于砂卵砾石层特殊的堆积历史和复杂的工程特性，在进行现场勘察时需要遵守以下基本规定。

1. 勘察范围广和精度要求高

砂卵砾石层是在第四系冲洪积层或冰水沉积环境下形成，即便在一个场地内，不同粒径的颗粒分布极其不均匀。为此在进行勘察时，其勘察范围宜较目标区域略大，同时勘探精度应适度提高，以便更好、更全面地掌握和反映整个场地的工程特性。

2. 勘探工艺选择需合理

砂卵砾石层结构松散，自稳能力差，勘察钻探过程中容易塌孔，同时取出的岩芯代表性

不强。对于勘探而言，常规钻探工艺取芯率不高，一般低于50%，且容易漏失砂层透镜体等关键地层。此外，砂卵砾石层中大颗粒漂卵石含量高，更增加了钻探的难度。为此，在进行该类型场地勘探时，需要选取先进的钻探工艺和护壁工艺，以便提高取芯率和防止塌孔。

3. 基于原位试验测试力学特性

砂卵砾石层的勘探、取样易扰动其原始应力状态，造成土体结构性差且自稳能力弱，难以获取原状土样，因而该土体力学指标很难通过室内试验获取。基于以上原因，宜采用现场试验和勘探孔、井原位测试等方法获取砂卵砾石层的力学参数指标，以便为市政工程（如基坑支护和隧道设计等）的设计提供可靠准确的参数。

4. 场地水文地质勘察是重点

对砂卵砾石层影响最大的是"水"作用，包括地下水、地表水。由于砂卵砾石场地水文地质条件关系到基坑开挖、抗浮防渗设计或者暗挖隧道等涌水量计算的准确性，同时也是施工期间降排水施工成败的关键，因此砂卵砾石场地水文地质勘察是重中之重，其勘察技术要求较其他工程的勘察技术要求更高。

5. 其他特殊规定和要求

不同类型的市政工程项目功能需求不同，并且有的还存在一些特殊规定和要求。比如利用现场原位试验测试土层的基床系数、热物理参数、电阻率、地温以及放射性等参数，以满足地基强度、变形和稳定性验算，地下空间通风、供暖、通电和人员居住等设计需求；再如在隧道盾构设备选型之前，需测试砂卵砾石强度、石英含量及黏粒含量等，以供设备选型需求。

2.2.2 勘察重点

由于不同类型的地下工程，具有不同工程特点和施工工法特征，因此砂卵砾石层勘察的重点各有不同。本书针对三种常见的地下工程，列举了其各自的勘察重点，分别如下：

1. 明挖法深大基坑的前期勘察重点

地铁等市政工程地下车站、风井、盾构始发（接收）井、盾构检修井等建筑物，均具有基坑工程的特点，在场地条件允许的情况下，一般采用明挖法施工。相比于一般建筑工程，其基坑更大更深，在强透水砂卵砾石层中工程风险极大。为查明这类深大基坑的稳定性和变形特性，前期场地的勘察重点如下：

（1）明确场地范围内的地层结构、分布范围、工程特性，提供各岩土层的物理力学性质指标，基坑工程设计、施工所需的抗剪强度指标、基床系数、静止侧压力系数、热物理指标和电阻率等岩土参数。

（2）查明不良地质作用、特殊性岩土及对工程施工不利的饱和砂层、卵石层、漂石层等的分布和特征，分析其对工程的危害和影响，提出工程防治措施建议。

（3）对基坑坑壁的稳定性进行评价，分析基坑支护可能出现的岩土工程问题，提出防治措施建议，提供基坑设计所需的岩土参数。

（4）查明地表水体的分布、水位、水深、水质，地表水与地下水的水力联系等，分析地表水体对工程可能造成的危害。

（5）查明地下水的埋藏条件，提供场地的地下水类型、水位、水质、岩土渗透系数、地下水位变化幅度等水文地质条件，分析地下水对基坑工程的影响，预测基坑突水、涌水、涌砂、流土、管涌的可能性及危害程度。

（6）分析地下水对工程结构的影响，对需采取抗浮措施的地下工程，提出抗浮设防水位的建议，提供抗拔桩或抗浮锚杆设计所需的各岩土层的侧摩阻力或锚固力等计算参数。

（7）分析评价工程降水、岩土开挖对周边环境的影响，提出周边保护措施的建议。

2. 盾构施工隧道的前期勘察重点

为查明盾构施工隧道稳定性及盾构选型的关键地质因素，前期勘察的重点如下：

（1）明确场地范围内的地层结构、分布范围、工程特性，重点查明砂层透镜体、软硬不均的地层、含漂石或卵石地层等的分布和特征，分析评价其对盾构施工的影响。

（2）提供砂卵砾石层的颗粒组成、最大粒径及曲率系数、不均匀系数、耐磨矿物成分及含量、黏粒含量等。

（3）对盾构始发（接收）井及区间联络通道的地质条件进行分析和评价，预测可能发生的岩土工程问题，提出关于岩土加固范围和方法的建议。

（4）根据隧道围岩条件、断面尺寸和形式，对盾构设备选型及刀盘、刀具的选择以及辅助工法的确定提出建议，并提供盾构法所需的岩土参数。

（5）根据围岩岩土条件及工程周边环境变形的控制要求，对不良地质体的处理及环境保护提出建议。

（6）分析地表水与地下水之间的水力联系，分析地表水对盾构施工可能造成的危害。预测隧道掌子面突水、涌水、涌砂、管涌的可能性及危害程度。

（7）分析地下水对隧道工程的作用，对需采取抗浮措施的地下工程，提出抗浮设防水位的建议，提供抗拔桩或抗浮锚杆设计所需的各岩土层的侧摩阻力或锚固力等计算参数。

3. 暗挖法施工隧道前期勘察重点

（1）查明场地岩土类型、成因、分布等工程特性；重点查明隧道通过土层的性质、密实度及自稳性，古河道、古湖泊、地下水、饱和砂层、有害气体的分布，填土的组成、性质及厚度。

（2）了解隧道影响范围内的地下人防、地下管线、古墓穴及废弃工程的分布，以及地下管线渗漏、人防充水等情况。

（3）对隧道围岩的稳定性进行评价，进行围岩分级、岩土施工工程分级。分析隧道开挖、围岩加固及初期支护等可能出现的岩土工程问题，提出防治措施建议。根据隧道开挖方法及围岩岩土类型与特征，提供隧道围岩加固、初期支护和衬砌设计与施工所需的岩土参数。

（4）预测施工可能产生突水、涌砂、开挖面坍塌、冒顶、边墙失稳、围岩松动等风险，并提出防治措施建议。

（5）查明场地水文地质条件，分析地下水对工程施工的危害，给出合理的地下水控制措施建议，提供地下水控制设计、施工所需的水文地质参数；当采用降水措施时应分析地下水位降低对工程及工程周边环境的影响。

2.2.3　勘察难点

不同市政工程具有不同的工程特点和不同的施工工法，工程特性评价的难点如下：

（1）常规地质钻探工艺取芯率差，关键层位易漏失，钻孔孔径有限，扰动试样缺乏代表性，许多必需的基本地质条件难以查明。如场地范围内砂卵砾石层的地层结构、砂层透镜体的分布、颗粒级配、大漂石的占比及分布、密实程度及变化、胶结程度及胶结地层分布；明挖法所需的卵石开挖和支护的施工特性，盾构选型和施工所需的卵石土颗粒级配、大漂石的占比及分布、最大粒径、卵石的石英含量、母岩成分等。

（2）无法获得原状样，室内试验无法取得工程所需切合实际的地质参数，一般依赖工程经验或者其他测试推导给出地质参数，存在安全风险较大或过度设计的问题。如砂卵砾石土抗剪强度指标、基床系数、静止侧压力系数、渗透系数等关乎深大基坑坑壁和隧道围岩的稳定、变形性能和渗透特性等的关键参数。

（3）地表水和地下水水量丰富，水力联系紧密，补径排关系和边界条件复杂，砂层、细粒土层透镜体分布广泛，渗透特性影响因素多，准确查明水文地质条件和水文地质参数非常困难。因而难以准确预测突水、涌水、涌砂、流土、管涌发生的可能性，同时难以准确估算涌水量以及评价地下水对基坑、暗挖隧道以及盾构法施工的影响。

（4）工程场地处于城区，周围建筑密集、交通繁忙，很多勘探孔处于交通主干道上，车辆、人员流量很大，政府管理严格，涉及市政、城管、交警、园林绿化、环卫等众多部门，勘察施工和手续办理难度大，安全文明施工要求高，地下管线错综复杂，水上钻探施工难度大，安全风险高。

2.3 砂卵砾石层勘探工艺

2.3.1 砂卵砾石层常规和新型钻探工艺

在进行砂卵砾石场地勘察时，需要进行机械钻进和护壁。常用钻进方法有回转钻、冲击钻、锤击钻和冲击回转钻等，护壁方法一般有泥浆护壁、套管及植物胶浆液护壁。一般将机械钻进和护壁组合起来形成钻探方法。截至目前常用钻探方法包括地下水位以上采用无泵反循环单层岩芯管回转钻进并连续取芯、地下水位以下泥浆护壁跟管金刚石单层岩芯管回转钻进、植物胶浆液护壁金刚石单动双管钻具钻进和空气潜孔锤跟管钻探四种，表2.3-1给出了常见的钻探工艺对比，常用钻探工艺的详细描述如下。

表2.3-1　　　　　　　　　　砂卵砾石层常用钻探工艺对比

钻探方法		优点	缺点	适用范围				
				岩芯鉴别	取原状样	取扰动样	原位测试	水文观测
回转钻	植物胶浆液护壁金刚石单动双管钻具钻进	取芯率高、取芯质量较好、钻探速度快、孔内事故少	植物胶成本高	○	□	○	—	—
	无泵反循环单层岩芯管回转钻进	技术简单、成本低、取芯质量较好	钻孔塌孔严重、钻探速度慢	□	—	□	□	○
	泥浆护壁单管正循环钻进	技术简单、成本低	取芯质量差、钻孔塌孔较严重、钻探速度慢	□	—	□	□	□
	金刚石取芯跟管钻进	取芯率高、取芯质量较好、钻进速度快、孔内事故少	技术要求高，钻探设备复杂	○	—	○	○	○

续表

钻探方法		优 点	缺 点	适 用 范 围				
				岩芯鉴别	取原状样	取扰动样	原位测试	水文观测
锤击钻	超重型动力触探	可分层求得卵石承载力	不能取芯	—	—	—	○	○
冲击回转钻	空气潜孔锤跟管钻探	取芯率高、钻进速度快、孔内事故少	取芯质量差、钻探机械大、仅适用于浅水地带	—	—	—	○	○

注　○适合；□部分适合；—不适合。

1. 植物胶浆液护壁金刚石单动双管钻具钻进

金刚石钻头单动双管配合植物胶冲洗液钻进砂卵砾石层、基岩破碎带和硬脆地层等复杂地层，不仅能大幅度提高岩芯采取率，而且可以取出松散破碎地层近似原结构的圆柱状岩芯，厚砂层可以取出原状砂样。

2. 无泵反循环单层岩芯管回转钻进

无泵反循环单层岩芯管回转钻进是勘探中常用的一种钻进方法，通过回转器将动力传递给钻杆，带动孔底钻头做回转切削运动，破碎地层来实现钻进。该方法技术设备简单、工艺成熟、取芯质量较好，但在砂卵砾石层勘探中钻进效率低、钻孔坍塌严重。常使用套管护壁等方法维护孔壁稳定导致工期较长。

3. 泥浆护壁单管正循环钻进

单管正循环钻进是地下水位以下勘探中常用的一种钻进方法，通过回转器将动力传递给钻杆，带动孔底钻头做回转切削运动，破碎地层来实现钻进，泥浆护壁可以较为有效地减少地下水波动对孔壁的影响，能保持孔壁稳定。该方法技术、设备简单，工艺成熟，但在砂卵砾石层勘探中钻进效率低、取芯质量差、钻孔坍塌较严重。常使用套管护壁等方法维护孔壁稳定导致工期较长。

4. 金刚石取芯跟管钻进

该工艺是一种集跟管、冲击回转钻进和采集岩芯能力于一体的组合钻具，实现了冲击取芯随钻跟管钻进。现已被引入砂卵砾石层钻进中，但在勘探中地下水位测量不准确、物探测试存在局限性。使用套管护壁等方法维护孔壁稳定导致工期较长。

5. 空气潜孔锤跟管钻探

该方法是空气潜孔锤钻入水下一定深度后，因继续钻进困难而改用地面锤击法钻进水下部分的一种钻进方法。由于潜孔锤的碎岩方法改变了传统回转方法的碎岩机理（切削、研磨及压裂），在冲击器做功时产生了动载和应力集中，致使可钻性、研磨性极强的砂卵砾石产生粗颗粒（2～3cm）体积破碎，加之套管跟进封闭隔绝了空气在卵石层的泄漏，在套管与钻具的间隙产生高速气流（15m/s），迅速将破碎后岩屑排出孔外，避免了重复破碎。此外，对难以及时破碎的卵石，在回转钻压力作用下钻具可将它挤向岩壁，有利于向下继续破碎，提高钻进效率。

2.3.2　原位测试孔钻探工艺选择

砂卵砾石层钻孔的原位测试内容包括：圆锥动力触探、旁压试验、波速测试、抽水试验等。对于市政工程中砂卵砾石层的原位测试孔的钻探，根据试验项目不同，可选用"金刚石钻具钻进，套管和泥浆护壁相结合"的钻探方法，钻探至指定深度时，根据勘察方案要求，可进行对应的原位测试，包括圆锥动力触探和旁压试验；待钻探结束后，可进行相应的波速和电阻率试验；同时，此类型的钻孔实施结束后，经洗井，再放入处理过的PVC管，可作为水文观测孔。

1. 钻头及钻探设备的选择

金刚石钻头能够克服较大的回转阻力和冲击力，采用合适的技术参数及操作方法是可以很好地钻进卵石层。采用孕镶金刚石钻头，以慢钻慢压的方式碎岩钻进。选择钻头参数为：金刚石目数 60～80 混合目，金刚石浓度 100%，金刚石品级 JR4，胎体硬度 40 以下。

2. 泥浆的使用

砂卵砾石层与其他地层相比，地层中大粒径的漂石、卵石含量多，土体颗粒松散，自稳能力差，是一种典型的不稳定地层。在该地层中进行地下工程钻探施工，开挖面非常不稳定，易发生坍塌，因此需进行泥浆护壁。泥浆主要由水和固相材料组成，泥浆固相材料中黏土与膨润土的配比区间为 4:5～3:2。而一般泥浆的质量主要由泥浆的特性参数来控制，施工地质条件不同，对泥浆的质量的要求不同，泥浆质量的优劣取决于泥浆特性与工作地层性质的相适应程度。地下施工泥浆特性指标非常多，如比重、黏度、滤失量、酸碱度、物理化学特性等。其中，比重、黏度和滤失量是泥浆三大主要特性指标。

（1）泥浆比重。从稳定开挖面效果的方面来讲，泥浆的比重越大，成膜性越好，另外泥浆比重大，对掘削土砂的作用浮力也大，运送排放掘削土砂效果也好。比重大的泥浆流动摩阻力也大，流动性变差，容易使泥浆运送泵超负荷运转，同时泥浆、土的分离难度也大。泥浆比重小，流动性好，但成膜速度慢，对稳定开挖面不利。因此在确定泥浆比重时，需从开挖面稳定和设备承受能力两方面综合考虑。

（2）泥浆黏度。泥浆具有一定黏度能防止泥浆中的黏土、砂颗粒在泥水舱内发生沉积，可保持开挖面的稳定；能防止逸泥现象的发生；此外还能以流体的形式把掘削下来的渣土运出，经土、水分离设备滤除废渣，得原状泥浆。从有利于泥膜形成特性方面考虑，泥浆需有一定的黏度，确保不发生逸泥现象，但黏度不能过大，否则不利于泥浆以流体形式运出土渣及地表土。因此泥浆的黏度应控制在一定范围。

（3）泥浆滤失量。泥浆滤失量指泥膜形成过程中，泥浆中的细颗粒成分填充地层间隙，使地层的渗透系数变小，而泥浆中的水通过地层间隙流入地层的水量。滤水会使地层的间隙水压上升，地层间隙水压的升高部分称为过剩地下水压或超静孔隙水压力。滤失量大将使地层超静孔隙水压力增大，导致泥浆有效压力减少，不利于开挖面的平衡。

（4）泥浆物理稳定性。物理稳定性是指泥浆经长时间静置，泥浆中固相成分颗粒始终保持浮游散悬物理状态的能力，通常用界面高度来描述。界面高度指将一定量的泥浆静置一段时间后，部分固相细颗粒失去悬浮特性出现沉淀，泥浆表层出现清水，底部出现土颗粒，中间为泥水，此时清水层的高度就是界面高度，界面高度越小，说明泥浆的物理稳定性越好。另外，对砂土的悬浮能力也是泥浆的一项重要工程特性。

（5）泥浆化学稳定性。化学稳定性是指泥浆中混入带正电的杂质时，泥浆成膜功能减退的化学劣化现象。因为黏土颗粒带负离子，其当遇到正离子时，就从悬浮状态变为凝聚状态，使得泥浆中浮游散悬的黏土颗粒数量锐减，导致泥膜生成困难。泥浆遭受正离子杂质污染后的性能指标值会远超过正常值，因此可通过测定值来判定泥浆的劣化程度，鉴别泥水的化学稳定性。

现场钻探施工具体的泥浆性能参数见表 2.3-2。使泥浆的相关参数基本达到表 2.3-2 要求，可确保施工的正常进行。

表 2.3-2   泥 浆 性 能 参 数

钻孔方法	地质情况	泥 浆 性 能 指 标							
		相对密度	黏度 /(Pa·s)	含砂率 /%	胶体率 /%	失水率 /(mL/30min)	泥皮厚 /(mm/30min)	静切力 /Pa	酸碱度 pH
正循环	一般地层	1.05~1.20	16~22	8~4	≥96	≤25	≤2	1.0~2.5	8~10
	易塌地层	1.20~1.45	19~28	8~4	≥96	≤15	≤2	3~5	8~10
反循环	一般地层	1.02~1.06	16~20	≤4	≥95	≤20	≤3	1~2.5	8~10
	易塌地层	1.06~1.10	18~28	≤4	≥95	≤20	≤3	1~2.5	8~10
	卵石土	1.10~1.15	20~35	≤4	≥95	≤20	≤3	1~2.5	8~10
旋挖	一般地层	1.02~1.10	18~28	≤4	≥95	≤20	≤3	1~2.5	8~11
冲击	易塌地层	1.20~1.40	22~30	≤4	≥95	≤20	≤3	3~5	8~11

3. 钻探注意事项

（1）使用孕镶金刚石钻头钻进，捞取卵石岩芯时用改进的岩芯管。

（2）钻进过程中发现有蹩车或者钻具激烈地跳动，不得强行钻进，减压同时将钻头提起，待钻速稳定后再将钻具缓慢压入孔底继续钻进。

（3）在砂卵砾石层中钻进时，如果钻具声音突然降低及进尺加快，应适当降低泵量控制钻具进尺，确保取芯率。

（4）根据金刚石钻头的碎岩机理及现场的实际情况，钻机钻速控制在 142~285r/min，钻压为 6~7kN。

（5）钻探结束后，经洗井后放入处理过的 PVC 管，作为水文观测孔使用。

2.3.3 取样和鉴别孔新钻探工艺

由表 2.3-1 可知部分常规钻探工艺不能取原状样或进行岩芯鉴别，部分常规工艺虽然能够进行取样和鉴别，但仍存在取样质量不高等问题。多年勘察实践表明，植物胶浆液护壁金刚石单动双管钻具钻进方法可以较好地解决一系列砂卵砾石勘察难点，并可以通过一系列的浆液改良达到更好的勘察效果。本书通过改良 SDB 系列单动双管金刚石钻进方法、LG/SM/PW 植物胶与改良剂混合冲洗液联合使用，进一步增加了砂卵砾石取样、原位测试效果。该方法可有效获取近似原状的砂卵砾石岩芯，钻探结束后还可以进行波速和电阻率原位测试。

2.3.3.1　SDB 系列单动双管金刚石钻具简述

1. SDB 系列单动双管金刚石钻具

SDB 系列单动双管金刚石钻具包括 SDB 系列金刚石钻具（150、130、110、94、77）普通内管磨光钻具/半合管钻具、SDB108S、SDB94 - S、SDB77 - S 取砂钻具等多个品种。该系列钻具包括五个部分：导正除砂器具、单向阀器具、双级单动器具、内管器具和外管器具。

（1）导正除砂器具。内管长度应根据合理回次进尺而定。砂卵砾石层和松散破碎地层易产生岩芯堵塞，回次进尺一般为 1.5m，因此选定内管长度为 1.5m 左右。为保证粗径钻具长度，防止钻孔弯曲，在单动接头上面增加一定长度的同级外管，即导正管，以保证粗径钻具必要的长度。在导正管内安装一个隔砂管，与上阀相连。由于 SM 浆液黏度很高，钻进时含岩粉或砂子较多，进入内外管之间易堵塞，影响单动性能。装上隔砂管后，进入导正管中的浆液随钻具高速旋转，产生离心作用，岩粉和砂子黏附在导正管壁上或沉淀于导正管下端，可定期清除，从而起到离心除砂作用。

（2）单向阀器具。在钻进中有时孔底岩粉或砂子较多，下钻时钻具接近孔底，由于孔底冲洗液携带大量砂子、岩粉，从钻具内外管间隙高速射入钻孔内外管间隙和下钻杆中，堵塞水道，造成憋泵或影响单动性能。因此在单动接头上部安装单向阀，冲洗液只能正循环而不能反向上返。

（3）双级单动器具。普通单动双管钻具只有一副单动机构，在孔内复杂条件下长时期高速回转，很难保证单动性能良好。高速回转产生的高温会导致轴承和密封圈的过度磨损，从而影响单动机构的性能和寿命。设置两级单动机构，每副单动机构由两盘推力轴组成，可以确保单动机构的可靠性，并且能延长使用寿命。

（4）内管器具。内管器具包括内管、定中环、卡簧座和卡簧。内管有两种类型，可互换使用。第一种是普通整体式磨光内管，第二种是磨光的半合管。其共同的特点：①内管内壁磨光，有利于岩芯顺利进入内管，减少岩芯堵塞，增加回次进尺，提高取芯质量；②短节管和内管为一整体，可减少岩芯堵塞。内管与卡簧连接处，安装定中环，起到正作用。内管磨光，加工简单，成本低，回次进尺可提高 25% 以上。

为保证松散破碎岩芯原状结构，设计了半合式内管，原理为：在半合管的不同位置上切有五个梯形切槽，用带梯形缺口和钩头的卡簧从梯形切槽较宽的一端卡入切槽后，再向切槽窄的一端推进。由于卡箍弧长不变，切槽不同位置的弧长不一样，因而将半合管箍紧。

（5）外管器具。外管器具包括外管、连接管和钻头。其特点是长度较短，一般不超过 2m。

砂卵砾石层钻进，使用金刚石扩孔器寿命低、成本高，且不起扩孔作用。一般使用孕镶金刚石钻头，金刚石钻头必须有较高的抗冲击强度和抗磨损性能，不应使用电镀钻头。此外，冲洗液黏度高，为减少抽吸作用，钻头均设计较大的外出刃，以增大钻具与孔壁的环状间隙。

2. SDB 系列钻具检查、使用及维护

（1）钻具在下孔前必须认真检查，发现问题及时处理。不得将有问题的钻具下入孔内。

（2）钻具使用后，应经常进行维护，保持良好性能，延长使用寿命。

（3）组装内外管前，应检查两级单动机构是否灵活，轴向窜动距离是否合适（不应超过 1mm）。

（4）钻具组装好后，将内管转动 360°以上，检查单动性能。如果转动不灵活，必须查明原因，进行修理或更换。

（5）当钻具不使用时，应将内管和半合管内壁擦干涂油，防止锈蚀。

（6）两级单动接头要定期拆洗加油，防止过早磨损。

（7）半合管用完后，应用卡簧组装好，放在安全的地方，不得重压脚踩，防止变形。

3. 钻探设备和工具

（1）钻机具有转速 600r/min 以上的多挡立轴式液压金刚石钻机。

（2）泥浆泵要求具有最低泵量为 30L/min 左右的多挡变量泵，并配备抗震压力表和 1 英寸钢丝编织胶管，可采用柴油机作为动力。

（3）泥浆搅拌机采用高速立轴式搅拌机，叶轮转速达 600～900r/min。由成都勘测设计研究院有限公司监制的 0.3m³ 和 0.5m³ 搅拌机效果较佳。

（4）应配备离心式除砂器。泥浆池可配两个。一个贮浆池，作为浸泡新浆用；另一个作浆源箱，供水泵抽浆用。泥浆池总体积一般以 2m² 为宜，沉淀池 0.5m³，循环槽长度 6～8m，槽内每隔 0.3m 装一块挡砂板。

4. 钻进工艺技术

（1）钻头结构类型与选用。钻孔结构主要是根据钻孔目的、深度、地层结构特点而定。覆盖层钻孔开孔口径比较大，如 SDB108 钻具可配 ϕ110mm 钻头。套管有 ϕ168mm× 7mm、ϕ127mm×9mm。ϕ168mm×7mm 套管与 SD108 钻具配套，ϕ127mm×9mm 套管与 SD94 钻具配套，用于跟管钻进，ϕ89mm 与 ϕ73mm 套管用于进入基岩后离覆盖层用。ϕ168mm×7mm 套管用正扣外接箍连接，ϕ127mm×9mm 套管以公母特种梯形左扣直接连接，ϕ89mm 和 ϕ73mm 套管均用左扣连接，防止反脱。

选择钻头的目的是使其具有最高的钻进效率和最低的钻头消耗成本。砂卵砾石金刚石钻头，要求具有较好的内外径抗研磨和抗冲击强度。市场上销售的 SD 系列金刚石钻头，使用效果较好。应根据地层特点，选择钻头类型和技术参数，在较软的地层钻进，采用单动双管硬质合金钻头或复合片钻头，可获得较高的钻进效率和较好的取芯质量。应根据地层特点，选择钻头类型和技术参数。对一般砂卵砾石层和漂卵石层，应采用胎体硬度高（HRC45～55）的孕镶金刚石钻头，金刚石浓度在 100% 以上，金刚石品级采用 JR5。

（2）钻进技术参数。砂卵砾石层钻进，钻压不应过大（表 2.3-3）。压力过大，岩芯容易堵塞，降低回尺进尺，但钻头底唇单位面积压力可以采用较大值。

表 2.3-3　　　　　　　钻 进 技 术 参 数 表

参数口径	钻压/kN	转速/（r/min）	泵量/（L/min）	泵压/MPa
SD108	6～8	500～600	30～40	<0.5
SD94	5～7	600～800	15～30	<0.5
SD77	4～6	600～1000	10～15	<0.5

转速影响钻进效率和取芯质量。如果压力过大，应使用最高转速。为提高岩芯质量，在允许条件下应选择最小泵量。当地层比较紧密时，应选择较大泵量。地层比较松散，可选择最小泵量。

5. 钻探操作技术

（1）开孔必须跟入套管，其深度根据地层条件和孔深而定。下部较紧密、覆盖层厚度不大时，跟入 5～10m 即可，以下可以裸孔钻进。如地层松散、或漏失比较严重，应继续跟管到必要的深度。ϕ168mm 套管以 25m 为限，ϕ127mm 套管可跟入深度 40m。跟管钻进时，如发现大孤石，可用聚能爆破法将孤石炸碎，继续跟管。

（2）跟管钻进击管用的吊锤质量。ϕ168mm 套管和 ϕ127mm 套管以 150～200kg 为宜；ϕ89～127mm 薄壁套管以 50～75kg 为宜。有条件的可采用液压震动器。击入套管时，会有岩块落入孔底。应用钢丝钻头打捞干净，才能下入双管钻具。

（3）钻具入孔内先用低压慢转扫孔到底。孔内钻具负荷不大时，才能开始正常钻进。如果孔内负荷大，不得强行开高转速钻进。钻头正常钻进时不得任意改变钻进参数，不可提动钻具，防止岩芯堵塞。

（4）发现岩芯堵塞时，可适当提动几次钻具，若处理无效，应立即提钻，不得"打懒钻"。孔内残留岩芯较多时，应用单管钢丝钻头打捞干净，再下双管钻具钻进。防止影响取芯质量和降低回次进尺。

（5）如果地层松散、砂卵砾石颗粒较小、取芯困难时，应降低泵量，最小可降到 20L/min 以下。砂卵砾石钻进速度突然加快，可能是进入砂层或小颗粒砂砾石层，不必改变压力和转速，但要适当降低泵量。

（6）钻进薄砂层和夹泥层时，最好在钻穿以后进入卵石层 10cm 以上提钻，防止岩芯脱落。如果砂层较厚，一个回次钻不穿时，回次末应停泵钻进 10cm 以上，让其自然堵塞再提钻。钻进中泵压突然升高，或孔内负荷突然增大，应查明原因，及时进行处理。

（7）孔内漏失严重、孔口不返浆时，不宜开高钻速钻进，应及时堵漏，防止发生卡钻事故。钻进时应精心操作，经常观察供水系统是否畅通，水泵运转是否正常，孔内不返浆时，防止断浆。如发现泵压突然升高，应立即提钻检查，尽量防止烧钻事故发生。

（8）在重要孔段钻进取样，提钻时应慢速提升，拧卸钻杆应平稳，防止岩芯脱落。退出岩芯时，应卸掉钻头，抽出卡簧座，然后轻轻倒出岩芯。

2.3.3.2 LG/SM/PW 植物胶冲洗液

植物胶可以用作地质钻井冲洗液的絮凝剂。典型的植物胶有 LG/SM/PW 等植物胶，其中 SM 植物胶冲洗液应用较广。

SM 植物胶冲洗液是在无固相冲洗液基础上发展起来的。与清水相比，悬浮和携带岩屑的能力较好，能在井壁上形成薄而韧的聚合物膜，具有很好的护芯作用；与含有黏土的泥浆相比，其又具有密度低、黏度可调和流动性好的优点，并且在钻进过程中由于高聚物絮凝剂对固相颗粒的自动絮凝清除，不会产生钻屑积累，能大幅度提高孔底钻头的碎石效率。

1. **SM 植物胶无固相冲洗液的性能和作用**

（1）SM 植物胶浆液的基本性能。SM 植物胶是从赣西山区特有的一种野生植物的直根中提取加工而成的一种天然高聚物，外观为淡黄色，主要成分为多糖类半乳聚糖、甘露聚糖等。其水溶液是棕红色半透明的黏稠胶体，无毒无气味，具有特殊润滑性。SM 植物胶在纯碱（Na_2CO_3）或烧碱（NaOH）的助溶作用下，可以任何比例溶解于水制备无固相冲洗液或低固相泥浆。加量越大，黏度越高。漏斗黏度达到 10Pa·s 以上时，仍不影响泵吸性能，不增加泵压。其基本性质如下：

1）制浆性能好，可配制任何黏度冲洗液。

2）对低固相泥浆提钻、漏水效果突出。

3）切力很小，加入土粉后切力增大。虽然黏度很高，但切力仍然不是很大，因而可以配制高黏度冲洗液。

4）浆液或低固相泥浆加入 CMC，有一定漏水作用。在水敏性地层加入 CMC 后，护壁防塌效果显著。

5）在硬脆碎地层，SM 植物胶浆液切力小、比重低、护壁效果不如低固相泥浆好。

基于以上优异特征，在砂卵砾石层中应采用 SM 植物胶低固相泥浆护壁。在需加入加重剂情况下，应在 SM 植物胶浆液中加入土粉，制成低固相泥浆，然后再加入加重剂。

（2）SM 植物胶无固相冲洗液的流变性。SM 植物胶配制的无固相浆液以及低固相浆液，都是黏弹性流体。所谓黏弹性流体，是在通常情况下既显示黏性又具有弹性特征的流体。其流变性能具有下述特点：

1）流性指数均小于 0.5，在钻孔中悬浮岩粉的能力很强，剪切稀释作用好。

2）动塑比（动切力与塑性黏度之比）均大于 0.75，有较好的剪切稀释作用。

3）塑性黏度均较低，表现黏度高，稠度系数也高，说明结构黏度高、稠度大，排除岩粉能力强。实践证明，可以排除 5mm 以上的砂砾石。

4）在浓度高时，具有较小的屈服值，当加入土粉比例增加时，静切力增加，护壁和排粉能力均能提高。

（3）SM 无固相冲洗液的特殊功能。SM 无固相冲洗液是黏弹性较强的黏弹性液体，在钻探中表现出一般泥浆和清水（含乳化液）所没有的特殊功能。其中较突出的是护胶作用、减振作用和降低摩阻效应。

1）护胶作用。护胶作用是在岩样表面形成一层坚韧的胶膜，使松散、破碎、软弱的岩芯表层被胶结包裹，保护原样免受水力和机械破坏，从而具有随钻取得保持原状结构岩芯的特殊功能。在退出岩样后，只要操作细心，可以很长时间保持圆柱状。一般失水量与浓度有关。

SM1％和 SM2％两种浓度经多次塌落试验，放入浆液中浸泡。其保持原样不塌落、不变形时间最长，具有比其他浆液高数倍的防塌能力，其护胶作用好。

SM 浆液浓度为 2％时失水量为 11～14mL/30min；浓度为 1％时失水量为 16～18mL/30min，失水量为中等，但具有很好的防塌能力和对岩芯的护胶作用。

2）减振作用。SM 植物胶浆液可降低钻杆与孔壁的摩擦系数，减少钻杆柱回转的阻力，从而达到减振的目的。实践证明，SM 植物胶浆液的减振作用比皂化油润滑液强得多。φ94mm 金刚石钻具，在 100m 以内的砂卵砾石层中，正常转速为 800r/min，最高可达到 1200r/min。

减振作用对砂卵砾石层金刚石钻进和取样具有以下好处：在松散、破碎地层开高速，能提高钻进效率、避免岩样长时间冲刷，可提高取样质量；高转速钻进时，避免钻具强烈振动，可防止岩样的机械破坏；减少钻具振动，有利于提高钻头寿命、减轻钻具磨损、降低钻机动力消耗。

3）降低摩阻效应。SM 植物胶浆液降低摩阻效应十分突出。漏斗黏度 6min 以上的浓 SM 浆液，单动双管钻进时，在几十米深孔内泵压不足 0.5MPa，而清水、低固相泥浆都在 1MPa 以上。在松散破碎地层钻进，SM 植物胶降低摩阻效应有以下好处：泵压低不会在钻头附近和内管形成高压，可防止岩芯破坏；冲洗液与岩芯之间的摩擦力小，减少岩芯被冲刷摩擦的破坏，内管内壁与岩芯的摩擦力也小，岩芯不易被内管摩擦而破坏；金刚石钻头和钻具的磨损降低，可延长钻头和钻具的寿命；泵压小，动力消耗小，可减少泵故障。

（4）SM 植物胶作为泥浆处理剂的作用。SM 植物胶是一种综合性能较好的低固相泥浆处理剂。将 SM 浆液加入低固相泥浆中，可提高黏度，降低失水量，提高泥浆稳定性，改善泥浆流变性，同时仍具有减振和护胶作用。

配制 SM 低固相泥浆钻进砂卵砾石层时，膨润土的浓度为 2%～3%，SM 植物胶的浓度为 0.2%～0.5%，其漏斗黏度为 85～195Pa·s，失水量为 19～15mL/30min，动塑比为 2～1.71，流性指数为 0.415～0.4525。

（5）SM 浆液的其他性能。

1）抗盐性能和抗钙能力。SM 浆液可加入任何比例的一价盐类而不变质，可配制盐水无固相冲洗液。SM 浆液抗钙能力差，不宜用于高价易溶盐类岩层的钻探，但对石灰岩、石膏和水泥的反应不明显，不影响水泥堵漏。

2）SM 浆液的抗温能力较差。温度升高黏度下降，温度越高黏度值下降越大。如 SM 浓度为 2% 时，常温时黏度可达 7Pa·s；在 95℃保温 6min，黏度下降到 39Pa·s，冷却后黏度只能回升到 90Pa·s。不宜用于高地热井和深井钻进，使用温度不应超过90℃。

2. SM 植物胶浆液的配方

SM 植物胶浆液作为砂卵砾石层、破碎和软弱地层的冲洗液，为了采取原状岩样、岩芯和保护孔壁，必须采取较高浓度的配方，才能达到目的。

（1）基本配方。在砂卵砾石层中钻进和取样，无固相冲洗液和低固相泥浆的最低黏度不应低于 120Pa·s，其配方为：SM 植物胶干粉（质量，kg）：水（体积，L）=2：100。纯碱（Na$_2$CO$_3$）加量为 SM 植物胶干粉质量的 5%。如用烧碱（NaOH），则按 SM 植物胶干粉质量的 3% 加量。

（2）特殊地层配方。水敏性较强、易吸水膨胀缩径的地层，在 SM 植物胶无固相冲洗液中加入一定比例的高黏度 CMC，降低其失水量，抑制地层水化膨胀，其配方为：SM 植物胶干粉加量为 1%～2%；Na$_2$CO$_3$ 按 SM 植物胶干粉质量的 5% 加量；CMC 加量为 1000～2000ppm。

极松散、渗透性强及地下水丰富的覆盖层：SM 植物胶加量为 3%，Na_2CO_3 的加量不变。

基岩破碎带和易坍塌掉块的地层：采用 SM 植物胶加入防坍塌效果较好的腐植酸钾（KHm）及 CMC，漏斗黏度应达到 $60Pa \cdot s$ 以上，相应的配方为：SM 植物胶干粉加量为 1%～1.5%，Na_2CO_3 按 SM 植物胶干粉质量的 5%，KHm 加量为 500～1000ppm。

SM 植物胶与膨润土配制低固相泥浆：SM 植物胶是多功能的泥浆处理剂，与膨润土配合，可配制低固相泥浆，其护壁效果比单独的 SM 或单纯的膨润土低固相泥浆好，且成本比 SM 无固相冲洗液低；适用于松散、破碎的漏失地层。

为保护岩芯和减少振动，SM 植物胶加量不低于 1%；如果为提黏和降失水，其加量可减少到 0.5%～0.8%。SM 植物胶与膨润土配方为：$SM1\% + Na_2CO_3 5\% + 钠土 3\%～5\%$；$SM1\% + Na_2CO_3 5\% + 钠土 3\% + CMC0.1\%$；$SM0.5\% + Na_2CO_3 5\% + 钠土 3\% + CMC0.1\%$。其中 Na_2CO_3 的加量均为 SM 植物胶干粉质量的百分比。

在作者参与的兰州某轨道交通项目实践中，SM 植物胶与高蒙脱石含量膨润土形成的改良冲洗液在钻探中取得了较好的效果。

3．SM 无固相冲洗液的制备

为保证 SM 冲洗液的质量，浆液一般要求用搅拌机进行搅拌。向立式搅拌机中加入 1/3～1/4 灌的清水，并向水中一次加入所需的 Na_2CO_3。首先用搅拌机高速搅拌使之溶解。然后将 SM 植物胶干粉慢慢撒入水溶液中，边搅拌边撒，防止结团，高速搅拌 5min。当植物胶全部分散后，再将水灌满，继续搅拌几分钟，混合均匀后，即可放入贮浆池中浸泡 12h 以上。当植物胶全部溶胀、黏度明显提高，即可使用。控制浸泡时间的原则：气温低则时间长，气温高则时间短。若使用低浓度的 SM 浆液，可用浸泡过的高浓度浆液加水稀释搅拌而成。如果制备 SM 植物胶与 CMC（或 KHm）的复合浆液时，应先将 SM 植物胶与碱液搅拌均匀后再将 CMC 水溶液或干粉加入搅拌机中搅拌均匀。

4．SM 无固相冲洗液的维护管理

应设专人负责管理冲洗液，做好浆液的维护管理工作，确保浆液性能满足使用要求。

（1）浆液容易变质，气温高时，应在浆液中加入少量防腐剂，如 $1m^3$ 浆液中加 0.5L 甲醛，可起到稳定浆液性能、防止腐化变质的作用。

（2）定期测定返出孔口的冲洗液性能。浆液变稀后，如果浆液腐化变质，则必须彻底清除，更换新浆。如果没有变质，可加入浓浆进行调整。

（3）SM 浆液浓度大、黏度高，岩粉和砂子不易沉淀，应使用离心式除砂器除砂，也可在浆液中加 50～100ppm 的 PHP 溶液，在循环过程中沉降岩粉和砂子。

（4）SM 低固相泥浆不得用钙处理。SM 植物胶不宜用于可溶性（二价及其以上）含盐地层，也不得与水泥浆混合使用。

（5）要防止地表水或降雨浸入循环池，增大失水量，降低浆液的各种性能。

2.3.3.3　SDB 钻进和 SM 植物胶冲洗液联合使用注意事项

（1）选用合适的钻进参数，按照"高转速，小泵量，小压力"三要素操作。

（2）钻具在孔内正常进尺时不要提动钻具，也不要随意改变钻进参数，否则易产生岩芯堵塞。

（3）孔较深时，下钻时速度要慢，起钻要向孔内回灌浆液，以保持压力平衡，防止钻孔坍塌掉块。

（4）缩小回次进尺，回次进尺最大不超过 1.5m，一般在 1.0m 左右。

2.3.3.4　SDB 钻进和 SM 植物胶冲洗液联合使用钻进效果对比

兰州某轨道交通穿黄工程勘察中使用了 SDB 钻进和 SM 植物胶改良冲洗液，取出了近似原状的砂卵砾石层岩芯（图 2.3-1），岩芯采取率达到 95% 以上，取得了良好的效果。与传统单管单动金刚石钻具和泥浆或套管护壁的钻探方法相比，具有明显的优势，见图 2.3-1 和图 2.3-2、表 2.3-4。

图 2.3-1　金刚石钻具和 SM 植物胶改良
冲洗液联合使用的岩芯

图 2.3-2　泥浆护壁钻探岩芯

表 2.3-4　　　　　　　　　　　　　　新工艺与常规钻探工艺对比

工　艺	岩芯采取率/%	钻探效率/(d/个)	钻头寿命/(m/个)	护壁效果
常规钻探	30	7～10	20～40	差
新工艺	＞90	3～5	40～80	好

2.4　砂卵砾石勘察评价对策及评价体系构建

2.4.1　砂卵砾石勘察评价对策

在地下工程砂卵砾石层工程特性评价的重点和难点基础上，提出相应的工程特性评价对策。

（1）充分收集资料。充分收集区域地质、水文地质、地质灾害危险性评估、地震安全性评价、抗浮抗渗水位研究、洪水影响评价等方面的资料，充分吸收消化，分析评价相应的工程地质问题。

（2）详尽开展地质调查工作。重点调查地形地貌、地层结构、不良地质现象、周边环境设施等。充分利用周边建筑工地开挖揭露基坑，详尽调查卵石土砂层透镜体的分布及特征、卵石土的颗粒级配、最大粒径、母岩成分、卵石强度、漂石分布规律等。

（3）解决存在的问题。解决线路穿越市区、河流等地段勘察、施工难度大等问题，及早与政府有关部门联系、办理相关施工手续。采取有效手段加强安全文明施工控制力度，严格按照政府要求文明施工，树立参建单位的良好形象。要特别重视施工安全，尤其是管线安全，勘探、施工前必须进行管线探查，确认无误后方可进行作业。

水上勘察、施工应按有关要求，办理相关手续，制定专项方案，采取可靠的安全措施，确保施工安全；例如勘探完毕后，应严格按要求进行钻孔封孔。

（4）开展行之有效的钻探工作。由于卵石地层胶结较差、结构松散、自稳能力差、级配不均匀、单个卵石强度高、颗粒间空隙大、加之地下水丰富，传统的钻探工艺钻进效率低、易塌孔、取芯率低，无法满足地质和设计要求。从取芯质量及钻进速度、成孔质量角度考虑，可考虑采用植物胶冲洗液金刚石回转钻进，取芯质量较好。通过钻探取芯、岩芯判别、动探测试，辅以波速和电阻率测试，查明卵石地层岩组划分界限、砂层透镜体分布、颗粒级配及分布规律、最大颗粒、卵石母岩成分、强度、密实程度及变化、胶结程度及变化等勘察与评价的重点和难点。

（5）设置长期水文地质观测孔，测量地下水位。卵石地层钻探成孔时易塌孔，一般需要冲洗液护壁，会使孔内地下水位量测困难，同时地下水位受地表水影响，变幅较大，因此应设置部分长期水文地质观测孔，来获取准确的地下水位变动规律。

（6）充分发挥现场大型试验和测试的优势。由于砂卵砾石层固有特性，通过室内试验无法取得设计和施工所需的物理力学指标、变形指标、渗透系数等关键性参数。传统方法多根据经验，通过肉眼观察、工程类比、查阅手册和规范等方法，提出相应的岩土参数，所提参数多过于保守，给工程造成资源浪费。开展大型原位试验和测试可取得第一手物理力学指标、变形指标、渗透系数等关键性参数。

（7）重视勘察过程中钻孔内原位试验和测试。为了更好地取得砂卵砾石层的物理力学指标、变形指标、地温、放射性、波速、电阻率等指标，在钻孔内开展连续动探试验、超重型动探试验、旁压试验、地温测试、放射性测试、波速测试、电阻率测试等原位试验和测试，取得市政工程地下工程所必需的物理力学参数、变形参数和其他特殊参数。

（8）开展各项试验。开展卵石成分测试、饱和抗压强度试验、热物理试验、静止侧压力系数测试、重塑样室内大型剪切试验、水土腐蚀性试验等室内试验，取得市政工程所需的石英含量、卵石强度、热物理参数、静止侧压力系数、水土腐蚀性指标等特殊参数。

2.4.2　砂卵砾石勘察评价应考虑的问题

在进行砂卵砾石层区域市政工程的前期勘察时，应该考虑以下问题：

（1）查明不良地质作用的特征、成因、分布范围、发展趋势和危害程度，提出治理方案的建议。

（2）查明场地范围内土层类型、年代、成因、分布范围、工程特性，分析和评价地基的稳定性、均匀性和承载能力，提出天然地基、地基处理或桩基等地基基础的方案建议，对需进行沉降计算的建筑物、路基等，提供地基变形计算参数。

（3）分析地下工程围岩的稳定性和可挖性，对围岩进行分级和岩土施工工程分级，提出对地下工程有不利影响的工程地质问题及防治措施的建议，提供基坑支护、隧道初期支护和衬砌设计与施工所需的岩土参数。

（4）分析边坡的稳定性，提供边坡稳定性计算参数，提出边坡治理的工程措施建议。

（5）查明对工程有影响的地表水体的分布、水位、水深、水质、防渗措施、淤泥物分布及地表水与地下水水力联系等，分析地表水对工程可能造成的危害。

（6）查明地下水埋藏条件，提供场地的地下水类型、水位、水质、岩土渗透系数、地下水位变化幅度等水文地质资料，分析地下水对工程的作用，提出地下水控制措施的建议。

（7）判定地下水和土对建筑材料的腐蚀性。

（8）分析工程周边环境与工程的相互影响，提出环境保护措施的建议。

（9）确定场地类别，对抗震设防烈度大于6度的场地，进行液化判别，提出处理措施的建议。

（10）在季节性冻土地区，提供场地土的标准冻结深度。

2.4.3 勘察评价体系的构建思路

（1）在地下工程勘察任务的框架下，紧紧抓住地下工程特点和河流冲洪积形成的砂卵砾石层地质特征，由工程需要入手，分析工程需解决的岩土工程问题，研究解决这些问题所需的地质资料和岩土参数，提出获取这些地质资料和岩土参数适合的勘察方法。

（2）大型地下工程，如地铁项目包括地下车站、地下区间、大型风井、各类竖井（如盾构检修井、始发井、接收井等）、联络通道，高层建筑的地下室基坑等。施工工法主要有明挖法、暗挖法、盾构法。工程类型和施工工法相互结合，存在不同的岩土工程问题。如明挖法施工基坑工程时，需要解决基坑开挖坑壁稳定性、支护方式选择、地下水控制等问题；暗挖法施工地下通道时，需要解决围岩稳定性、围岩开挖和加固方式选择、地下水控制等问题；盾构施工地下区间时，需要解决盾构选型、卵石层施工特性等问题。

（3）不同的岩土问题所需的地质资料和岩土参数有所不同，有些是共同需要的，有些是各类工程类型和施工方法的特殊需要，应分门别类总结出来。

（4）根据所需的地质资料和岩土参数，选择适合砂卵砾石层的勘探方法、试验和测试方法。

2.4.4 勘察评价体系的构建

在前面章节研究成果的基础上，根据上述思路，提出地下工程砂卵砾石层勘察评价方法体系，见图2.4-1。

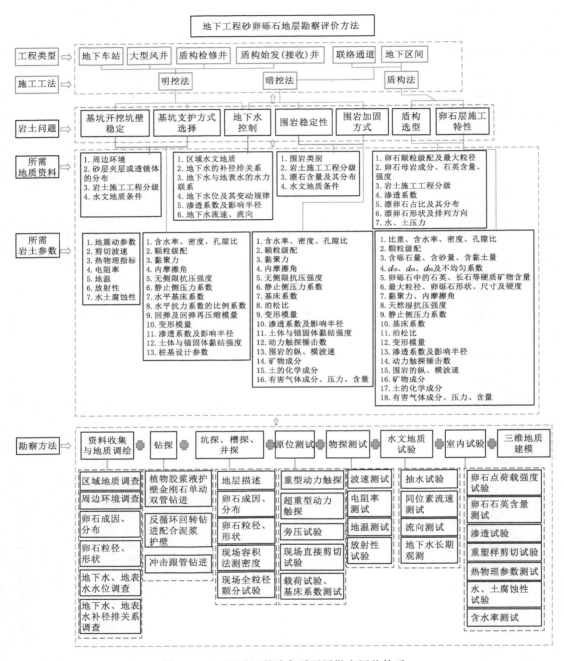

图 2.4-1　地下工程砂卵砾石层勘察评价体系

2.5　本章小结

（1）本章系统总结了砂卵砾石层的沉积历史和组构特征，明晰了该地层勘察时的勘察重点和难点问题，主要有：常规钻探工艺取芯率低，容易漏失砂层夹层等关键层位，难以准确查明砂卵砾石的工程特性等；无法取得原状样，物理力学指标多靠工程经验和间接方法获得；地下水丰富，地表水与地下水水力联系紧密，水文地质边界条件复杂，常规方法难以查明；城市周边环境和地下管线复杂，勘察外业施工难度大，安全风险高，文明施工要求高。

（2）针对地下工程砂卵砾石层勘察评价重点和难点，提出了应对策略。主要策略包括：引入现阶段新的钻探工艺，大幅提高取芯率；开展包括全粒径砂卵砾石颗粒分析试验、大型剪切试验、基床系数测试等在内的现场试验；进行模拟基坑降水的水文地质试验；充分调查周边环境和地下管线，降低安全风险。详细阐述了砂卵砾石层勘察时常用的钻探工艺，对比分析了原位测试孔钻探工艺之间的优缺点，基于常规钻探工艺出现的原状土体取样困难和土层鉴别度不高等缺点，提出了取样和土层鉴别孔的新型钻探工艺，且将其用于具体的工程实际中，验证了其良好的工程实用性。

（3）基于砂卵砾石层勘察基本原则、不同工程类型需关注的重点和难点，构建了完整的砂卵砾石层勘察评价体系。

第3章　砂卵砾石土工程地质特性研究

在市政工程前期设计过程中，砂卵砾石层的基本工程特性（包括物理特性、力学特性和水力学特性）是重要的设计参数。为此，本书依托兰州某轨道交通工程，对砂卵砾石层的基本工程特性进行了系统和详细的论述，能够加深对砂卵砾石基本特性的认知，进一步了解其变形破坏机理以及非线性本构关系。

随着我国诸多大中城市地铁车站、地下车库、高大建筑物的修建，出现了大量的深基坑开挖施工支护、边坡稳定问题。作为一个复杂的系统工程，随着深基坑工程的规模和深度都不断加大，其与场地岩土工程勘察、支护结构设计、施工开挖、基坑稳定、降水现场监测、相邻场地施工之间的相互影响将加剧。

在深基坑工程中，地下水控制是基坑工程的一个重要内容。如果处理不当，易引起涌砂、流泥及地下水流失等，进而诱发周围建筑物、道路的沉降和开裂，甚至引起基坑事故。因此应根据基坑周围环境情况及场地水文地质条件选取合理的地下水控制方案。

另外，当前很多基坑工程支护薄弱，存在一定的安全隐患，也有一些工程过度支护，造成极大浪费，出现这种现象的首要原因就是在进行基坑支护设计的过程中，没有结合当地的实际情况，合理地选取相关岩土设计参数。因此如何取得准确的岩土设计参数是基坑工程勘察的一项重要课题。

本章以某轨道交通工程 SJDD 车站基坑工程为例，采用提出的砂卵砾石层勘察技术、地下水影响分析方法以及岩土力学参数确定方法，研究市政工程中深厚砂卵砾石层在基坑支护工程中的应用。

3.1　试验测试类型和测试步骤

在岩土工程勘察工作中，为了获取岩土参数，需要进行必要的测试工作，即通过试验得出反映岩土体状态和应激能力的参数。试验方法一般分为室内试验和现场原位试验。

1. 室内试验

优点：首先，能够控制试验变量，通过这种控制可以达到消除无关变量影响的目的；其次，试样可以随机安排，使它们的特点在各种试验条件下相等，从而暴露出自变量和因变量之间的关系。

缺点：首先，室内试验条件下所得到的结果缺乏概括力，即外在效度较低；其次，室内试验条件与实际条件相去甚远。

2. 现场原位试验

优点：能减少室内试验方法的人为性，有良好的内在效度和较高的外在效度。此外由于控制了自变量，因此可以得出研究变量之间的因果关系。

缺点：对自变量控制程度较低，无关因素影响的可能性较大；且由于试验控制不严，难免有其他因素干扰。另外，由于研究工作要跟随事件发展的本来顺序进行，因此花费时间较长。

土体原位现场试验一般是指在岩土工程勘察现场，在不扰动或基本不扰动岩土层原始应力状态情况下对其进行测试，以获得所测岩土层的物理力学性质指标及划分岩土层的一种勘测技术。它是一项自成体系的试验科学，在岩土工程勘察中占有重要位置。这是因为它与勘探、取样、室内试验的传统方法比较起来，具有明显优点：①可在拟建工程场地进行测试，无须取样，避免了因钻探等取样所带来的一系列困难和问题，如原状样扰动问题等；②原位测试所涉及的土尺寸较室内试验样品要大得多，因而更能反映土的宏观结构（如裂隙等）对土的性质的影响。

3.1.1 砂卵砾石层物理参数常用测试方法

砂卵砾石层作为典型的粗粒土，其物理力学性质测试不同于细粒土。

第一，由于砂卵砾石层经过了漫长的地质年代作用和复杂的应力应变历史，土体具有很强的原位结构性，这种原位结构性的影响，使得对于相同土样，密度相同的原状样与重塑样的力学性质有时差别很大。

第二，由于砂卵砾石层属于无黏性土，结构性强，很容易受到扰动，取样十分困难，很难取得真正意义上的"原状样"。

第三，进行室内力学性质试验，需要采用土体的原位天然密度进行制样，而对于砂卵砾石层，原位天然密度的可靠性、代表性一直是未能很好解决的难题。

第四，对于含有漂（块）、卵（碎）石等粗大粒径的砂卵砾石层，原位天然密度不容易确定，土体的天然级配亦很难确定，再加上室内试验由于仪器尺寸的限制，需要对土料的天然级配进行缩尺，使得室内试验采用的模拟级配与土层天然级配可能存在差别。含粗大粒径的土石料变形特性的室内模拟试验方法（包括制样密度控制标准、模拟级配缩尺极限尺寸确定方法和试验结果整理方法等）是目前尚不成熟且迫切需要解决的疑难问题。

由于上述这些困难和原因，使得单纯依靠取样进行室内试验，很难准确把握砂卵砾石土的工程力学特性，因此砂卵砾石层物理参数的测试成果以现场试验和室内试验相结合，并侧重原位试验。表 3.1-1 为砂卵砾石层物理参数的测试方法。

表 3.1-1　　　　　　　　砂卵砾石层物理参数的测试方法

序号	试 验 项 目	测 试 方 法	备 注
1	密度	灌水法、灌砂法	原位试验
2	含水率	烘干法	室内试验
3	颗粒分析	现场大型筛分（全颗粒分析）法	原位试验
4	矿物成分	粉晶 X 衍射定性半定量分析、磨片鉴定	室内试验
5	放射性指标	综合测井法	原位试验
6	热物理指标	稳态法及瞬态法	室内试验

表 3.1-1 中颗粒分析是砂卵砾石层物理性质分析的重要方法，对于一般的粗粒土颗粒分析采用筛分法，见表 3.1-2。公路、铁路和工业民用建筑工程土工筛分法适用于分析粒径 0.075mm<d<60mm 的土颗粒。对于粒径大于 60mm 的土样，此试验方法一般不适用。此外，颗粒分析成果是选取代表性试样进行统计而来的成果，取样数量的差异，即取样代表性直接决定了颗粒分析成果的准确性。

表 3.1-2　　　　　　　　　　　粗 粒 土 筛 分 法

序号	项　目	内　　容
1	目的	判定土的粒径大小和级配状况，为土的分类、定名和工程应用提供依据，指导工程施工
2	原理	通过筛分，得到分计筛余、累计筛余、累计通过率，计算不均匀系数与曲率系数
3	主要设备	振筛机、土壤筛、电子天平、干燥箱等
4	环境条件	无特殊要求
5	取样制样	无黏粒土，按最大粒径取样，风干，四分至规定数量
6	试验步骤	①按规定取样试样分批过 2mm 筛； ②将大于 2mm 的试样过大于 2mm 的粗筛，分别称量筛余质量； ③将小于 2mm 的试样按从大到小的顺序通过小于 2mm 的筛，数量过多时以四分法缩分，用摇筛机震摇 10~15min，并分别手筛，称量筛余质量
7	记录、报告及结论	含水率计算结果精确至 0.1%，平行试验

针对砂卵砾石层以上特点，砂卵砾石土的颗粒分析试验应遵循以下原则：

（1）在勘察过程中，应在现场进行原位全颗粒分析试验，试验场地应沿盾构区间线路及相邻车站分布，可采取利用既有建筑基坑和为轨道交通大型原位试验特别开挖基坑相结合的策略，布置若干组（6组及以上）筛分试验。

（2）针对不同深度内的卵石、漂石含量进行统计、分层，对漂石等大粒径颗粒进行水平和垂直分布统计分析，统计项目包括漂石长边长度、短边长度、最大粒径、岩性等。

（3）根据漂石等大粒径颗粒的深度分布变化，对比隧道埋深范围内漂石出现的概率。

在原位状态下采用灌水法或灌砂法测试土样天然密度。基于现场大型筛分法，确定砂卵砾石层的颗粒分布。需要说明的是由于局部卵石颗粒太大，无法进行筛分，因此在本次现场试验中仅仅进行了以下颗粒粒径范围的筛分试验：大于 60cm、60~40cm、40~20cm、20~2cm、2~0.5cm、0.5~0.25cm、0.25~0.075cm 以及小于 0.075cm。

在现场进行砂卵砾石土的取样时，将试样放入密封袋中保存，以防止水分蒸发。试样运回试验室后，在室内采用烘干法测试其天然含水率。基于以上测试参数，计算得到土体的干密度、起始孔隙比、孔隙度以及饱和度。

3.1.2　砂卵砾石层孔隙比现场测试

由于砂卵砾石结构的不稳定性，在基坑、隧道开挖过程中往往需要进行注浆加固，需要通过孔隙比计算注浆量，由于砂卵砾石均匀性较差，孔隙比变化相对较大，测试困难，勘察单位难以提供准确数值，因而造成浪费。

常规的细粒土孔隙比试验需要取得原状样品，送到相关试验室用比重瓶法测定其相对密度，经过换算得到其孔隙比，比重瓶法适用于粒径小于 5mm 的各类土体。

对于颗粒较大的砂卵砾石层，原状样取得难度较大，常规室内试验的仪器（比重瓶）无法用于砂卵砾石层，运送过程中样品易被破坏，因此对于粗颗粒地层的孔隙比难以计算求得。

鉴于此，在实际工作中依据现有技术工作基础，初步实现了砂卵砾石层孔隙比的现场测试。砂卵砾石现场孔隙比测定原理见图 3.1-1，操作步骤如下：

步骤 1：在砂卵砾石层地区，随机选择取样地点，将测点处地面整平，并用水准尺检查。

步骤 2：将钢环固定于整平后的地表，将聚乙烯塑料膜沿着套环内壁及地表紧贴铺好。记录量水器内初始水位高度（h_1），打开阀门，将水缓缓注入钢环内，直至与钢环顶面齐平不外溢为止，记录量水器内水位高度（h_2）、量水器断面面积（A_w），计算钢环体积（V_h）。在保持钢环位置不变的情况下，将聚乙烯塑料薄膜内水排至不影响试验的场所，取掉聚乙烯塑料薄膜。

步骤 3：挖取试坑，试坑直径应为试样最大粒径的 5～10 倍及以上为宜，开挖深度略大于试坑的直径。密闭容器质量为 m_1，将取出的砂卵砾石放置于密闭容器中（防止水分蒸发，放置于阴凉处存放），及时进行称量（m_2），将临近试坑边沿 50～100cm 的相同性质的砂卵砾石取出后，快速包封，送至试验室采用烘干法测定其含水率（w），测试数量不少于 3 组，取其平均值作为该地层含水率。

步骤 4：试坑挖好后，将聚乙烯塑料薄膜小心翼翼地铺展到试坑中，紧贴坑壁、坑底，并将富余部分延伸到坑外。铺设过程应防止聚乙烯塑料薄膜被石块棱角刺破或相互粘连。

步骤 5：将量水器注满水，记录量水器断面面积（A_w）、量水器内水位高度（H_1），将水缓缓地注入试坑中，直至水面与钢环上边缘齐平不外溢为止，记录量水器内剩余水高度（H_2）（可多次注入累加），计算试坑体积（V_k）。

步骤 6：将试坑内灌入的水通过烧杯、注射器疏干，并用吸水滤纸擦拭吸干聚乙烯塑料薄膜上吸附的水珠。将取出的土样完全回填入铺有聚乙烯塑料薄膜的试坑，回填过程中应逐层少量多次倒回土样，回填过程中应防止聚乙烯塑料薄膜破损。土样分 3～5 次回填，每次回填应进行轻微击实。

步骤 7：将量水器注满水，记录量水器内水位高度（H_3），打开阀门，然后将水缓缓地注入试坑回填土中，水量不宜过大，保证注水完全渗入不流出试坑外，直至水面与套环上边缘齐平不外溢为止，记录量水器内剩余水高度（H_4）。

计算原理和公式：

$$V_k = V_s + V_a + V_w \tag{3.1-1}$$

$$V_h = (h_1 - h_2) \cdot A_w （可测得） \tag{3.1-2}$$

$$V_k = (H_1 - H_2) \cdot A_w - V_h （可测得） \tag{3.1-3}$$

$$V_a = (H_3 - H_4) \cdot A_w - V_h （可测得） \tag{3.1-4}$$

$$V_w = (m_2 - m_1) \cdot w / \rho_{蒸馏水} \qquad (3.1-5)$$

$$e = V_a / V_s = V_a / (V_k - V_a - V_w)$$
$$= [(H_3 - H_4) \cdot A_w - V_h] / \{[(H_1 - H_2) \cdot A_w - V_h]$$
$$- [(H_3 - H_4) \cdot A_w - V_h] - [(m_2 - m_1) \cdot w / \rho_{蒸馏水}]\} \qquad (3.1-6)$$

使用该方法，可以有效解决砂卵砾石层由于颗粒尺寸过大、常规室内试验难以计算求得其孔隙比的难题，可以直接、高效、便捷地测定砂卵砾石层的孔隙比，为设计提供准确的土体物理参数。

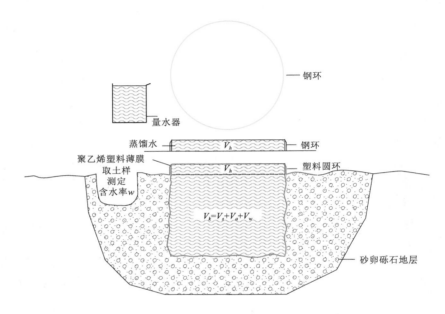

图 3.1-1 砂卵砾石现场孔隙比测定原理示意图

3.1.3 砂卵砾石层大型原位试验研究

砂卵砾石层物理力学参数的选择对轨道交通工程中基坑支护、盾构施工设计、投资预算具有决定性的作用，为了获取砂卵砾石层准确的土体参数和颗粒参数，原位试验具有其不可替代性，特别是对于深基坑支护设计重要的砂卵砾石土体抗剪强度指标和基床系数，对于盾构施工重要的卵石颗粒粒径、饱和单轴抗压强度和石英含量。

在没有现成可利用的可揭露砂卵砾石层断面的基坑的情况下，为了配合完成有关大型试验项目，根据试验专业、地层特点对试验场地、空间、深度、安全的基本要求，有必要实施基坑开挖。

首先，基坑开挖后，可以在不同深度地层完成大型原位剪切试验和基床系数测试试验。其次，基坑开挖的断面可以完全揭露砂卵砾石层的颗粒组成，为下一步进行的原位全颗粒分析提供了有利条件。最后，基坑开挖过程中，配合基坑施工的降水井，可以与抽水试验、地下水流向测定配合完成，可节约试验成本。

本节以兰州城市轨道交通为例，对典型砂卵砾石层大型原位试验进行研究。

1. 试验目的和工作量

（1）试验目的。

1）现场剪切试验目的：获得研究区内不同地貌单元砂卵砾石的原位剪切强度指标，为兰州城市轨道交通的设计和安全运行提供可靠的 c、φ 等抗剪强度参数，同时进行现场试验以获得砂卵砾石的主要物理指标（颗粒级配、天然密度、含水率等指标），取样进行重塑样室内大型剪切试验，对两种方法取得的抗剪参数成果进行对比分析，为后续城市轨道交通工程勘察、设计积累经验。

2）基床系数测试目的：获得研究区内不同地貌单元各层砂卵砾石土的水平及垂直基床系数，同时取得各试验土层的准确分层信息、直观性状和室内试验指标。

（2）原位剪切和基床系数测试试验工作量。根据沿线地貌单元类型、地层条件、场地条件和工程特点，研究试验工作布置如下：

1）布设 3 个场地，分别位于车站附近的黄河二级阶地、一级阶地和河漫滩。对这 3 个试验场地地基土进行现场基床系数和直接剪切试验。根据收集的资料，本次确定基床系数的静载荷试验布置详见表 3.1-3。

2）为完成现场试验，需开挖 3.0m×6.0m×15m 矩形竖井各 1 个，井壁采用钢筋混凝土支护措施。

3）由于深部试验位于地下水位以下，因此需采取降低地下水的措施。在每个竖井的周围按长方形布置降水井，在试验前应进行降水工作。

4）现场进行土层描述及地质编录工作，同时测试物理指标（颗粒级配、天然密度、含水率等）。

5）试验井、降水井的回填和场地的平整工作。

表 3.1-3　　现场静载荷试验和剪切试验布置

编号	试验点位置	试验井设计参数/m	主要地层	基床系数试验深度/m（水平、垂直各8组）	大型剪切试验深度/m
Y1	CGY车站	井深15 井径3×6	黄土状土 Q₄卵石层 泥岩	5.0, 9.0, 15.0	8.0, 14.0
Y2	ATZX车站	井深15 井径3×6	Q₄卵石层 Q₁卵石层	8.0, 15.0	7.0, 14.0
Y3	SJDD车站	井深15 井径3×6	黄土状土 Q₄卵石层 Q₁卵石层	3.0, 8.0, 15.0	7.0, 14.0

（3）降水井的设计参数。试验井深 15～17m，地下水位埋深 7.0～9.0m，为了保证施工和试验的进行，采取人工降低地下水位的措施。

每口试验井周围布设 4 口降水井，井深 30m，井间距 10m、按等边三角形或长方形布设，降水井的设计参数见表 3.1-4。

表 3.1-4　　　　　　　　　降 水 井 设 计 参 数 表

井深/m	井径（内/外）/mm	水泥管长度/m	无砂滤水管长度/m	沉砂管/m	成孔直径/mm
30	500/600	6	22	2	700

2. 现场大型试验平面布置图

（1）CGY 车站试验点。位于 CGY 车站东侧（图 3.1-2），附近有排水渠道 40～50m，属于黄河一级阶地，地层上部为杂填土、其下为砂卵砾石层，下部为新近系泥岩。场地地形开阔平坦，临近无大型建筑物，近东侧为在建高层住宅楼，大型试验对建筑物基础无影响。

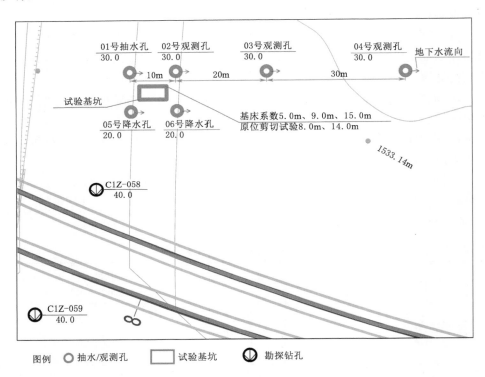

图 3.1-2　CGY 车站大型试验点

（2）ATZX 车站试验点。位于 ATZX 车站西侧（图 3.1-3），场地地貌属于河漫滩，地层表部为杂填土，其下为砂卵砾石层。临近无大型建筑物，抽水试验及基坑降水可排放于较远处的低洼砂坑，大型试验对附近建筑物基础无影响。

（3）SJDD 车站试验点。位于 SJDD 车站（图 3.1-4），场地地貌属于黄河二级阶段，地层表部为杂填土、其下为黄土状土，下部为砂卵砾石层。场地地形开阔平坦，临近无大型建筑物，仅有少数民房，抽水试验及基坑降水可排放于附近的公路排水渠，大型试验对附近建筑物基础无影响。

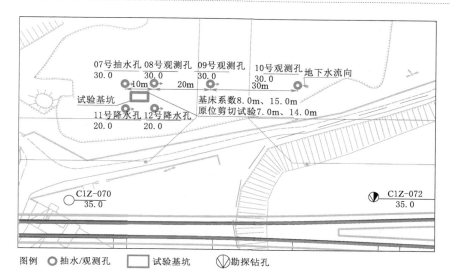

图 3.1-3 ATZX 车站大型试验点

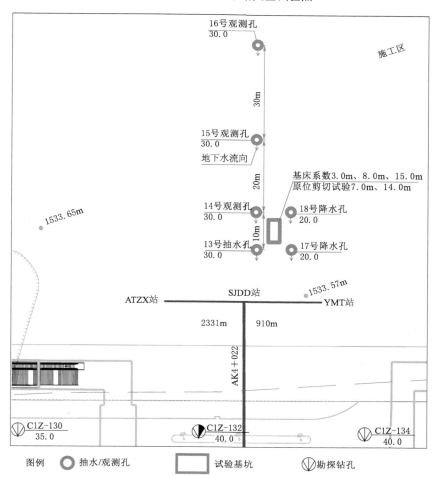

图 3.1-4 SJDD 车站大型试验点

3. 试验基坑施工方案设计

（1）试验基坑概况。试验基坑四周放坡坡比为1∶0.1，一号试验点开挖深度为12m，二号试验点开挖深度为15m，底部为3m×6m长方形。

（2）试验场地工程地质概况。

1）一号试验点。地貌单元为黄河一级阶地。0.0～4.35m为杂填土，以人工回填的粉土为主，夹有卵石、砖块、塑料、淤泥等，未经过碾压处理，结构松散，强度较低，易于坍塌。4.35～12.0m为上更新统卵石层，未胶结，结构密实，易于坍塌，地下水位以下局部夹有砂层透镜体。12.0m以下为第三系泥岩，砖红色，中风化，以黏粒为主，结构密实，裂隙较发育，透水性差，为相对隔水层。地下水位埋深约6.0m。

2）二号试验点。地貌单元为黄河河漫滩，0.0～12.8m为上更新统卵石层，未胶结，结构密实，易于坍塌，地下水位以下局部夹有砂层透镜体。12.8m以下为下更新统卵石层，弱胶结～中等胶结。地下水位埋深约4.2m。

（3）试验基坑支护工程。因具有突出的整体性和抗渗漏性等优点，试验基坑的围护结构选用"内撑式倒挂壁法"。在试验基坑开挖过程中，开挖面的卸荷引起了倒挂壁两侧的压力差，形成了作用在倒挂壁上的土压力。土压力是作用在试验基坑围护结构上的主要荷载，为了确保试验基坑工程的顺利进行，试验基坑开挖支护适合有内撑的护壁挡土结构，倒挂壁的施工采用"分层逆作法"。分层逆作法主要是针对四周围护结构，不是一次整体施工完成，而是采用分层逆作，从上往下边开挖边支护，逐层完成围护结构的施工。

试验基坑支护分3部分完成：①锁口部分，于坑口设钢筋混凝土倒挂壁；②坑壁部分，四周放坡坡比为1∶0.1，试验基坑四壁为钢筋混凝土护壁；③内撑部分，墙体内分层架设钢支撑。

试验基坑支护过程中，分层逆作有内撑的倒挂壁应注意以下几个方面：①结构体由上向下施作，注意上下两层之间的衔接及预留钢筋长度；②在进行下一层开挖之前，必须完成钢支撑工作；③某一地层开挖完成后应尽快完成混凝土浇筑和支护；④分层开挖的深度根据现场土层的强度和自稳能力确定。

试验基坑的分层逆作法施工示意图见图3.1-5和图3.1-6。

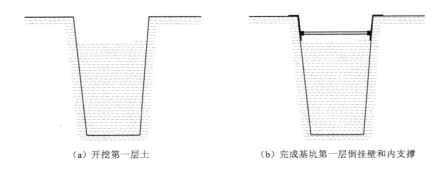

（a）开挖第一层土　　　　　　　（b）完成基坑第一层倒挂壁和内支撑

图3.1-5（一）　试验基坑的分层逆作法施工示意图

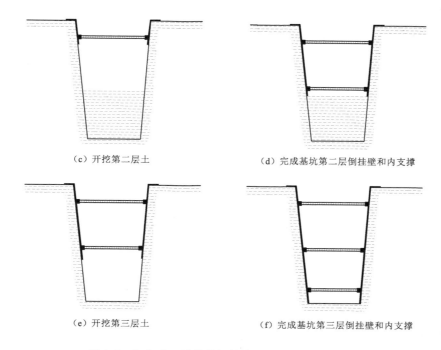

（c）开挖第二层土　　　　　　　　　　（d）完成基坑第二层倒挂壁和内支撑

（e）开挖第三层土　　　　　　　　　　（f）完成基坑第三层倒挂壁和内支撑

图 3.1-5（二）　试验基坑的分层逆作法施工示意图

图 3.1-6　试验基坑的分层逆作法施工实景图

　　（4）试验基坑降水工程。降水采用基坑外降水井降水，分别于试验基坑四角各设一眼降水井，水位降至试验基坑开挖底面以下 1m。降水井可以用来进行抽水试验、地下水流向测定等工作。

　　（5）试验基坑稳定性计算。试验基坑地层主要有杂填土、卵石层（Q_4）、卵石层（Q_1）和泥岩层（N）。根据规程规范并结合当地经验，试验基坑边坡土样物理力学性质见表 3.1-5。

表 3.1-5　　　　　　　　　　试验基坑边坡土样物理力学参数

岩土编号	岩土名称	抗剪强度		密度/(g/cm³)
		黏聚力 c/kPa	内摩擦角 φ/(°)	
1-1	杂填土	0	12	1.70
2-10	卵石	0	40	2.30
3-11	卵石	20	43	2.30
4-1	泥岩	90	31.9	2.22

用 Slide 滑坡计算软件对试验基坑边坡进行稳定性计算，算法采用 Bishop 法。Bishop 法对基坑边坡稳定性进行分析时，利用极限平衡法对不同潜在滑动面进行试算，从中寻找出安全系数最小的滑动面。假设条块间作用力的方向为水平向，不考虑条块间的竖向剪力，建立整体力矩平衡方程，由静力平衡条件求解安全系数。

3.1.4　砂卵砾石层大型原位剪切强度测试

砂卵砾石层的抗剪强度指标与其物理特性、应力状态、测试方法及强度理论等相关。由于介质具有物质组成的多样性、颗粒结构的不规则性和原状试样难以采集等固有特征，要确定土体强度指标较为困难。如图 3.1-7 所示，卵石层普遍分布粒径大于 20cm 的漂石，分布随机性较强，并无明显的成层规律，据钻孔资料及附近工程基坑开挖资料，最大粒径为 55cm，漂石含量不均匀，卵石母岩成分以花岗岩、石英岩、灰岩等为主。

图 3.1-7　工程沿线砂卵砾石层照片

由于不易进行原状土取样，因而无法通过室内试验测试原始结构状态下的力学强度特性。为了解决该问题，本项目采用野外大尺度原位剪切试验，野外大尺度原位剪切试验是揭示粗粒土这类非均质复杂地质介质力学特性的有效办法。

通过对砂卵砾石土进行大型原位剪切试验研究，从粗粒土抵抗剪切变形机理出发，并结合不同深度砂卵砾石层进行粗粒土料的剪切试验。试验可获得在不同应力状态下砂卵砾石层的剪应力与应变曲线、剪切强度曲线以及相应的抗剪强度参数，从而揭示砂卵砾石土在推剪状态下的变形与破坏规律。

1. 原位试验区砂卵砾石土层分布

原位剪切试验区的土层主要为两种：全新统砂卵砾石层、下更新统砂卵砾石层。

（1）全新统砂卵砾石层（Q_4^{al+pl}）。杂色，无胶结，结构中密～密实，局部夹有薄层或透镜状砂层。该层漂石和卵石含量占 50%～65%，一般粒径为 3～7cm；圆砾含量占 10%～20%。卵石和圆砾母岩物质成分主要为砂岩、花岗岩、石英岩、硅质岩、燧石等。磨圆度较好，级配不良，分选性较差。普遍分布粒径大于 20cm 的漂石，分布随机性较强，并无明显的成层规律，据钻孔资料及附近大基坑开挖资料，最大粒径为 55cm。

（2）下更新统砂卵砾石层（Q_1^{al+pl}）。杂色，泥质微胶结，结构密实，局部夹薄层或透镜状砂层，该层漂石和卵石含量占 50%～62%，一般粒径为 3～7cm；圆砾含量占 10%～25%。漂石分布随机性较强，并无明显的成层规律，据钻孔资料及附近大基坑开挖资料，最大粒径为 50cm，漂石含量不均匀，卵石母岩成分为花岗岩、石英岩等（图 3.1－7）。卵石和圆砾母岩物质成分主要为砂岩、花岗岩、石英岩、硅质岩、钙质泥岩及燧石等。磨圆度较好，级配不良，分选性较差。

2. 大型原位剪切试验装置

大型原位剪切试验装置由以下几个部件组成：反力框架、液压千斤顶、钢滚轮、钢板、压力表、反力墩、反力千斤顶、油泵、百分表及基坑混凝土护壁。图 3.1－8 为原位

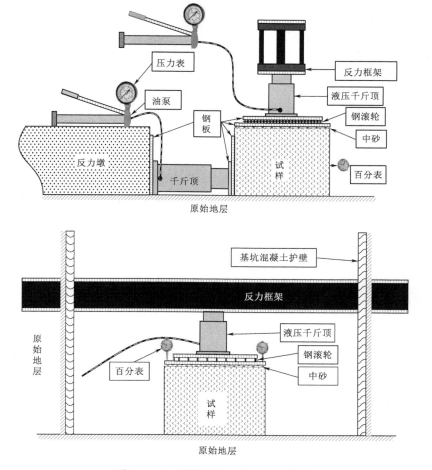

图 3.1－8　原位剪切试验装置示意图

剪切试验装置示意图，采用平推直剪法，即剪切荷载平行于剪切面施加的方法，在每组 4个试样上分别施加不同的竖直荷载，等变形稳定后开始施加水平荷载，水平荷载的施加按照预估最大剪切荷载的 8%～10%分级均匀等量施加，当所加荷载引起的水平变形为前一级荷载引起变形的 1.5 倍以上时，减荷按 4%～5%施加，直至试验结束。在全部剪切过程中，垂直荷载应始终保持为常数。加力系统采用油泵（装有压力表）和千斤顶，位移用百分表测量。通过加力系统压力表和安装在试样上的测表分别记录相应的应力和位移，需要说明的是剪切试验装置中的反力框架和液压千斤顶是为了给试样施加顶部压力，压力表是为记录压力数据，反力千斤顶是给试样施加横向剪切力，百分表是为了记录横向剪切位移。图 3.1-9 为原位剪切仪器布置照片。

(a) 千斤顶布置

(b) 油泵布置

图 3.1-9　原位剪切仪器布置照片

3. 大型原位剪切试验步骤

开展大型原位剪切试验，需按照以下步骤依次进行。

（1）试样制备。开挖加工新鲜试样，试样尺寸为 50cm×50cm×30cm，其上浇注规格为 60cm×60cm×35cm 的加筋混凝土保护套。同一组试样的地质条件应尽量一致。

（2）仪器安装及试验。安装垂直加荷系统，之后安装水平加荷系统，最后布置安装测量系统。检查各系统安装妥当后即可开始试验，记录各个阶段的应力及位移量。

（3）试验成果整理。试验完成后首先根据剪应力（τ）和剪应变（ε）绘制 $\tau-\varepsilon$ 曲线，再根据曲线确定抗剪试验的比例极限（直线段）、屈服极限（屈服值）和峰值。按照各点正应力（σ）绘制各阶段的 $\tau-\sigma$ 曲线，最后由式（3.1-7）确定土样的摩擦系数（f）和黏聚力（c）：

$$\tau = f\sigma + c \qquad\qquad (3.1-7)$$

3.1.5　砂卵砾石层原位基床系数测试

1. 基床系数定义

基床系数是指地基土在外力作用下产生单位变形时所需要的压力，也称弹性抗力系数或地基反力系数，可以细分为竖向基床系数和横向基床系数。基床系数主要用于分析地基土与结构物之间的相互作用，同时还可计算结构物内力及位移；该系数是地下工程、道路和建筑地基基础工程，特别是市政工程中一个非常重要的参数。鉴于该系数的重要性，国内外学者采用了大量室内试验和现场原位试验以获取精确参数。经过比较，发现采用原位载荷板试验（$K30$ 试验）时能够快速且准确地测出该参数，为此被国内外大量学者运用于工程实践中。该试验的优点是计算结果较能反映土体真实情况，缺点是载荷试验一般适用于浅部地基土，且试验周期较长、成本较高，在勘察过程中更不易实施。

在勘察过程中，也采用其他原位间接测试方法（如扁铲侧胀试验、旁压试验）或室内试验方法（如固结试验法、三轴试验法），这些方法的优点是试验周期短、成本较低，操作相对便于实施；缺点是室内试验和原位间接测试方法得到的基床系数数据往往与土体实际不一致，与规范提供的经验值也偏差较大，在是否修正、如何修正的问题上也未统一。

基床系数的影响因素较多，特别对于砂卵砾石层等粗粒土，原位间接测试方法和室内试验难以得到准确的基床系数。

本书以某轨道交通工程为例，采用该原位方法测试了兰州不同地貌单元各层砂卵砾石地基土的基床系数，同时取得各试验土层的准确分层信息、直观性状和室内试验指标，为市政工程的设计和安全运行提供可靠的地基基床系数。

2. 试验仪器和基本规定

测试地基土原位基床系数时需用到以下设备：①载荷板，直径为 30cm，面积为 $0.07m^2$；②加荷系统，包括液压千斤顶、高压油管、加压泵及压力表；③反力系统，包括井壁和反力梁；④沉降观测系统，包括百分表 2 块；⑤砂石筛（60cm、40cm、20cm、5cm、2cm、1cm、0.5cm、0.25cm、0.1cm、0.075cm）；⑥杆秤和天平。

在进行地基土基床系数原位测试时需参考以下规定。

（1）加荷级差。试验土层主要为卵石，因其强度不高，加荷从 0.010MPa 开始，按 0.010MPa 的级差逐级加荷，保证沉降量 $S=1.25mm$ 前后各不少于 4 级。此后按 0.040MPa 的级差逐级加荷，直至结束。

加荷压力：0.01MPa，0.02MPa，0.03MPa，0.04MPa，0.05MPa，0.06MPa，0.070MPa，0.08MPa，0.09MPa，0.13MPa，0.17MPa，0.21MPa。根据 $P-S$ 曲线的具体情况，优化调整加荷级数。

（2）加荷及观测。采用逐级维持荷载快速法加荷，施加一级荷载后，按间隔 15min 观测一次沉降量，累计观测 2h 后方可施加下一级荷载，当 1min 的沉降量不大于该级荷载产生的沉降量的 1% 时，可施加下一级荷载。

（3）试验终止条件。当出现下列条件之一时可终止试验：

1）沉降量大于 1.25mm。

2）承压板周围土体明显侧向挤出。

3）某级荷载下沉量急剧增大，$P-S$ 曲线出现明显的陡降段。

4）虽未达到上述条件，但加荷级差不小于 12 级，沉降量 $S=1.25mm$ 前后各不少于 4 个点，$P-S$ 曲线完美，解读、计算基床系数 $K30$ 准确无异议。

3. 试验开展步骤

试验步骤简述如下：

（1）在选定试验区域进行竖井的开挖，当挖至试验标高后；对测试面应使用水准尺进行平整。当所需测试的土层位于水位以下时，应先进行降水，保证地下水降至试验面以下至少 1.0m，以确保施工顺利进行及施工安全。

（2）荷载板放置于测试试验面上，为使荷载板与试验面接触良好，在荷载板下铺设 2~3mm 厚的细砂层；当需要时在荷载板下设 2~3mm 的石膏腻子。

（3）将反力梁安置于荷载板上方并固定。

（4）将千斤顶放置于反力梁下部荷载板上，利用加长杆进行调节，使千斤顶顶端球铰座紧贴在反力装置部位上，组装时应保证千斤顶不出现倾斜。

（5）安装基准梁，在载荷板十字交叉对称的位置上安装 4 块百分表，安装调试观测系统和加荷系统。

（6）加荷与沉降观测，为了安全文明生产，测试尽可能采用先进的手段，加荷及观测拟在地表完成：（$f-1$）稳固载荷板，预先加 0.010MPa 约 30s，待稳定后，卸除荷载，将百分表读数调零或将百分表读数作为下沉量的起始读数，并采用 4 个百分表进行沉降观测；（$f-2$）以 0.010MPa 的增量逐级加载。加荷采用快法，每增加一级荷载后，隔 15min 观测 1 次，累计观测达 2h 时施加下一级荷载或每 1min 的沉降量不大于该级荷载产生的沉降量的 1%，读取荷载强度和下沉量读数，然后施加下一级荷载，从沉降量大于 1.25mm 以后的第 5 级荷载，按加荷级差 0.040MPa 加荷，直至试验终止。试验装备结构示意图详见图 3.1-10。

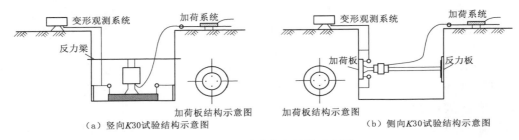

（a）竖向 $K30$ 试验结构示意图　　　　　（b）侧向 $K30$ 试验结构示意图

图 3.1-10　试验装备结构示意图

现场卵石层垂直 $K30$ 试验和水平 $K30$ 试验设备照片分别见图 3.1-11 和图 3.1-12。

图 3.1-11　兰州某轨道交通勘察卵石层垂直 $K30$ 试验设备照片

图 3.1-12　兰州某轨道交通勘察卵石层水平 $K30$ 试验设备照片

4. 试验结果处理

根据试验结果绘制出荷载强度与下沉量的关系曲线。从曲线中得出下沉量基准值时的荷载强度，并按下式计算出地基基床系数。

$$K30 = \sigma_s / S_s \qquad\qquad (3.1-8)$$

式中 $K30$——由地基基床系数，MPa/m；

      σ_s——曲线中 $S=1.25mm$ 时对应的荷载强度，MPa；

      S_s——下沉量基准值，数值为 $1.25mm$。

由于土体表面会受到各种不可规避的因素影响，可能会出现随机误差。该误差可通过作图法进行校正，办法如下：在 $\sigma-S$ 曲线中出现明显拐点位置时沿正长曲线延伸，使其交 S 轴，交点位于 O 点以下，焦点与 O 点间的距离为 DS，标准下沉量应为 $S_1 = S_s + DS$，并根据对应的荷载强度 σ_1 计算出 K_s 值。

3.1.6 砂卵砾石层旁压试验

1. 旁压试验描述

旁压测试是工程地质勘测中一种常用的原位测试技术，本质上是利用钻孔进行原位横向载荷试验。其原理是通过旁压探头在竖直的孔内加压，使旁压膜膨胀，并由旁压膜（或护套）将压力传给周围土体，使土体产生变形直至破坏，并通过量测装置测出施加的压力和土体变形之间的关系，然后绘制应力-应变（或钻孔体积增量、或径向位移）关系曲线。据此可用来估计地基承载力，测定土的强度参数、变形参数、基床系数，估算基础沉降、单桩承载力与沉降，进而根据这种关系对所测土体（或软岩）的承载力、变形性质等进行评价。

与竖向和横向载荷试验相比，旁压试验优点明显。旁压试验可在不同深度上进行测试，且所得地基承载力值与平板载荷测试结果有良好的相关关系。需要说明的是旁压试验与载荷试验在加压方式、变形观测、曲线形状及成果整理等方面都有相似之处，甚至有相同之处，其用途也基本相同。但旁压试验设备轻，测试时间短，并可在地基土不同深度上测试，因而其工程应用更为广泛。目前旁压仪主要有预钻式旁压仪、自钻式旁压仪、压入式旁压仪、排土式旁压仪和扁平板旁压仪等。

在砂卵砾石层进行市政工程施工时地基承载力和变形模量是重要的设计参数，同时通过旁压试验还可测试地基基床系数，可将该测试结果与基床系数直接测试结果进行比对分析。图 3.1-13 为现场旁压试验工作照片。

图 3.1-13 现场旁压试验工作照片

2. 试验仪器与试验方法

采用的现场试验设备为梅纳 G 型旁压仪（预钻式），其主要由旁压器、注水系统、压力与变形测量系统、压力施加装置及箱体支撑部件等组成。该仪器能够施加的最大压力为 10MPa，探头直径为 58mm，探头测量腔长为 210mm，加护腔总长为 420mm。试验采用直径为 58mm 的旁压探头或加直径为 74mm 的护管，探头最大膨胀量约 600cm³。试验参照《土工试验方法标准》（GB/T 50123—2019）中的方法和步骤进行。试验时读数间隔为 1min、2min、3min，以 3min 的读数为准进行整理。

本次现场试验点位主要布置在地下车站和地下区间附近，主要土层旁压试验数据不应少于 2 个，测试深度为地下线路基底结构以下 6m。

试验前对旁压仪进行了率定，内容包括旁压器弹性膜约束力和旁压器的综合变形，目的是校正弹性膜和管路系统所引起的压力损失或体积损失。

（1）试验要求。

1）钻孔要求。用钻机成孔，应在试验段以上不小于 1m 处采用 ϕ75mm 金刚石钻头及 ϕ75mm 的岩芯管作为试验钻进工具，钻进过程中应进行泥浆护壁。试验段孔壁直径应比旁压器外径大 2~6mm，且孔壁应竖直、平顺、呈圆筒形。

2）试验顺序及时间。同一试验孔内，应由上向下逐步试验，并且每个试验段成孔后应立即进行试验，时间间隔不宜大于 15min。

3）加载压力及加载等级。加压采用高压氮气加压，加压等级可采用预期临塑压力的 1/5~1/10 进行加载，或者每级 100~300kPa 进行加载，且气瓶压力必须大于试验压力 0.5MPa 以上。

4）每级压力持续时间。每级压力应持续 1min，后进行下一级压力的施加，维持 1min 时，在 15s、30s、60s 时分别测读变形量。

（2）试验步骤。先用较大口径的钻头钻孔至试验土层顶部，再用合适口径的钻头进行旁压试验钻孔，进尺 1.2~1.5m。如未遇大块石，则下旁压探头进行旁压试验。否则，对已进尺部位进行扩孔至先前进尺位置，再钻旁压试验孔。如此逐次钻进，直到基岩。

3. 试验结果处理

旁压试验的主要成果是根据现场旁压试验绘制的压力 P 与体积 V 变化曲线，此曲线是旁压器周围一定范围内土体应力变形的综合反应。根据试验曲线，可以求出一些和土体的性质有关的工程力学特性参数。根据旁压荷载与体变关系曲线，整理可得旁压荷载与旁压位移（以半径 R 的变化表示）的关系曲线，大部分旁压曲线能够体现旁压试验结果的基本特征规律。

（1）压力和体积校正。压力和体积校正公式如下：

$$p = p' + p_w - p_i \tag{3.1-9}$$
$$V = V' - \alpha(p_w + p') \tag{3.1-10}$$

式中　p、V——校正压力、校正测量管水位下降值；

p'、V'——压力表读数、测量管水位下降值；

p_w——静水压力；

p_i——弹性膜约束力，由弹性膜约束力校正曲线得到；

α——仪器综合变形系数，由仪器综合变形校准曲线得到。

（2）压力特征值确定。根据校正后的 $p-V$ 曲线，可确定 3 个压力特征值 p_0、p_f 和 p_l。图 3.1-14 为旁压曲线图。首先将旁压曲线直线段延长与纵坐标相交，交点为 V_0，由 V_0 作与 p 轴平行线相交于曲线的一点，其对应的压力为原位水平土压力 p_0 值，又叫初始压力，实际上从旁压曲线上确定的 p_0 会存在很大误差，有时甚至得不出合理结果；其次取旁压曲线直线段的终点，即曲线与直线段的第 2 个切点所对应的压力为临塑压力 p_f 值；当曲线过临塑压力后，趋向于与纵轴平行的渐近线时，其对应的压力为极限压力 p_l 值。当从 $p-V$ 曲线上不能直接求出极限压力 p_l 值时，可用曲线外推方法至最大体积增量值 V_l，取对应 V_l 的压力为极限压力 p_l，或用倒数曲线法求取。其中 $V_l = V_c + 2V_0$，V_c 为旁压器中腔初始体积，V_0 为孔穴体积与初始体积的差值。

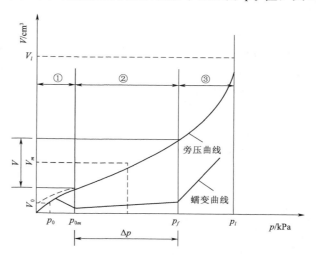

图 3.1-14 旁压曲线图

（3）旁压模量与旁压剪切模量。由现场旁压曲线可确定旁压模量 E_m 和旁压剪切模量 G_m，计算公式分别如下：

$$E_m = 2(1+\mu)\left(V_c + \frac{V_0 + V_f}{2}\right)\frac{\Delta p}{\Delta V} \qquad (3.1-11)$$

$$G_m = E_m / 2(1+\mu) \qquad (3.1-12)$$

$$\mu = K_0 / (1 + K_0) \qquad (3.1-13)$$

$$K_0 = p_0 / z\gamma \qquad (3.1-14)$$

式中　μ——泊松比；

K_0——侧压力系数；

V_0——原位水平土压力对应的体积，cm^3；

V_f——临塑压力对应的体积，cm^3；

V_c——旁压器中腔初始体积，cm^3；

Δp——旁压试验曲线直线段的压力增量，kPa；

ΔV——旁压试验曲线直线段的体积增量，cm^3；

z——旁压器中心点距地面的高度，cm；

γ——土体容重，N/cm^3。

（4）地基承载力。根据旁压试验特征值计算地基土承载力，具体分为临塑荷载法和极限荷载法，计算公式分别见式（3.1-9）和式（3.1-10）：

$$f_{ak} = p_f - p_0 \qquad (3.1-15)$$

$$f_{ak} = (p_f - p_0)/F_s \tag{3.1-16}$$

式中　f_{ak}——地基土承载力特征值，kPa；

　　　F_s——安全系数，一般取 2～3，也可根据地方经验确定。

对于一般土宜采用临塑荷载法；对旁压试验曲线过临塑压力后急剧变陡的土宜采用极限荷载法。根据卵石土的旁压曲线特点，卵石宜采用极限荷载法确定其承载力。

（5）变形模量。理论上，变形模量为土体单向受压时应力与应变的比值，是表示土层软硬和评价地基变形的重要参数。由于土体的散粒性和变形的非线性弹塑性，土体变形模量的大小受应力状态和剪应力水平的影响显著，且随测试方法的不同而变化。对于一定固结应力状态条件下的变形模量（即单向应力增量与该应力增量引起的应变增量的比值），在室内一般采用侧限压缩试验或三轴压缩试验测定；在现场，变形模量可以采用载荷试验或旁压试验的方法测定。

通过旁压试验测定的变形模量称为旁压模量 E_m，旁压模量 E_m 是根据旁压试验曲线整理得出的反映土层中应力和体积变形之间关系的一个重要指标，它反映了地基土层横向（水平方向）的变形性质。

对于平板载荷试验测定的变形模量，一般用 E_0 表示。它是在一定面积的承压板上对地基土逐级施加荷载，观测地基土的承受压力和变形的原位试验。在一般情况下，旁压模量 E_m 比 E_0 小，这是因为 E_m 是综合反映土层拉伸和压缩的不同性能，而平板载荷试验方法测定的 E_0 只反映土的压缩性质。再者，旁压试验为侧向加荷，E_m 反映的是土层横向（水平方向）的力学性质；E_0 反映的是土层垂直方向的力学性质。

变形模量是计算地基变形的重要参数，表示在无侧限条件下受压时，土体所受的压应力与相应的压缩应变之比。梅纳提出用土的结构系数将旁压模量和变形模量联系起来。

$$E_m = \alpha E_0 \tag{3.1-17}$$

式中　α——土体的结构系数，取值在 0.25～1 之间。梅纳根据大量现场和室内试验，给出了 α 的取值，具体见表 3.1-6，从表中可直接查得砂卵砾石土层的 α 值为 0.25。

表 3.1-6　　　　　　　　土体的结构系数常见值

土类	土的状态	超固结土	正常固结土	扰动土	变化趋势
淤泥	E_m/MPa				大
	α		1		
黏土	E_m/MPa	>16	9～16	7～9	
	α	1	0.67	0.5	
粉砂	E_m/MPa	>14	8～14		
	α	0.67	0.5	0.5	
砂	E_m/MPa	12	7～12		
	α	0.5	0.33	0.33	
砾石和砂	E_m/MPa	>10	6～10		小
	α	0.33	0.25	0.25	

3.1.7 砂卵砾石层抽水渗透试验

由于卵石地层的特殊性、原状样现场难以获取，以及颗粒之间排列结构的复杂性，进行室内渗透试验是不现实的，根据表 3.1-7，在卵石地层最适宜的水文地质试验方法是抽水试验和同位素测试方法。本书试验采用了综合抽水试验和分层抽水试验。

表 3.1-7 不同水文地质试验方法的优缺点及适用性分析表

试验方法	优　点	缺　点	适用性
室内渗透试验	试验操作简单，容易实施	①主要针对松散地层；②获取的参数精度差	主要适用细粒土
注水（渗水）试验	①原理简单，容易操作；②可利用现场勘探孔进行试验	测定的渗透系数偏高	①工程范围内地下水埋藏深；②地层为干的透水岩土层
压水试验	试验成果精确，能较好地反映岩层裂隙和渗透性	①原理复杂，操作困难；②成功率较低，试验时间长；③适用范围较窄	主要适用于岩石地层以及干硬黏土层
抽水试验	能够准确得出地层的渗透系数、影响半径等水文地质参数	工序复杂，需要进行多次降水试验，试验时间长	①适用范围广，主要针对松散地层；②地下水位较浅，地下水的补给丰富
同位素测试	①能得出常规试验无法获取的水文地质参数及地下水活动性质；②地下水年龄测定结果精确，可信度高	城市中同位素测试易受环境影响，实施困难	主要用于测定地下水的年龄、活动、流速、流向

现场分别进行了综合抽水试验和分层抽水试验。图 3.1-15 为现场抽水试验工作流程。

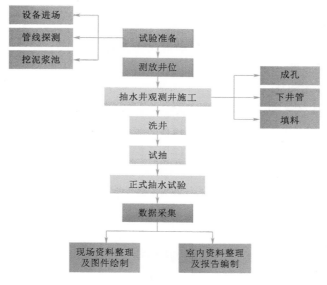

图 3.1-15　现场抽水试验工作流程图

1. 现场抽水试验点位布置

在兰州某轨道交通线路上两种不同地貌单元的卵石地层地区，选取了 4 处场地（CGY 综合抽水点、ATZX 综合抽水点、ATZX - SJDD 抽水点、SJDD 综合抽水点）进行了现场抽水试验，具体见表 3.1 - 8。

表 3.1 - 8　　　　　　　　　　　抽水试验点布置情况

序号	试验位置	地貌单元	方案布置	工作量/(m/孔)
1	CGY 综合抽水点	黄河一级阶地	综合"一抽三观"	45/4
2	ATZX 综合抽水点	黄河高漫滩	综合"一抽三观"	120/4
3	ATZX - SJDD 抽水点	黄河高漫滩	分层"一抽三观"	210/8
4	SJDD 综合抽水点	黄河二级阶地	综合"一抽三观"	120/4

卵石地层抽水试验可根据场地条件进行"一抽三观"或"一抽六观"。"一抽三观"抽水试验方案一般布设 1 条测线，一组试验共计 4 个水文地质试验孔，抽水孔和观测孔同径同深，均采用 300mm 无砂混凝土井管，井深 40m。主抽水孔侧加 1 个井损测管。抽水试验观测孔的布置尽可能垂直地下水流向，近端观测孔根据场地含水层情况，使其位于抽水孔三维流影响区之外，远端观测孔应有一定水位降，据此拟定每条测线第一个观测孔距主抽水孔 10.0m，第二个观测孔距主抽水孔 30.0m，第三个观测孔距主抽水孔 60.0m。图 3.1 - 16 为"一抽三观"抽水试验布置示意图。

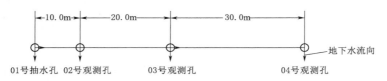

图 3.1 - 16　"一抽三观"抽水试验布置示意图

"一抽六观"抽水试验主要布设 2 条测线，一组试验共计 7 个水文地质试验孔，抽水孔和观测孔同径同深，均采用 300mm 无砂混凝土井管，井深约 30m。主抽水孔侧加 1 个井损测管。抽水试验观测孔的布置尽可能垂直或平行地下水流向布置，近端观测孔根据场地含水层情况，使其位于抽水孔三维流影响区之外，远端观测孔应有一定水位降，据此拟定每条测线第一个观测孔距主抽水孔 10.0m，第二个观测孔距主抽水孔 30.0m，第三个观测孔距主抽水孔 60.0m。图 3.1 - 17 为"一抽六观"抽水试验布置示意图。

2. 现场抽水试验实施方案

在进行现场抽水试验时，依次按照试验准备、测放孔位、抽水/观测孔成孔施工、洗孔与检查止水效果、试抽、正式抽水以及数据采集等步骤展开，每个步骤的详细描述分别如下：

（1）试验准备和测放孔位。将相应设备运送至场地内，在进行现场抽水试验之前，需要探明下部场地的下部管线，同时需开挖好泥浆池，以便为后续的成孔护壁做好准备。

（2）抽水/观测孔成孔施工。

1）下管。依据含水地层情况，下管做好过滤器、实管和沉砂管的长度分截及排序工

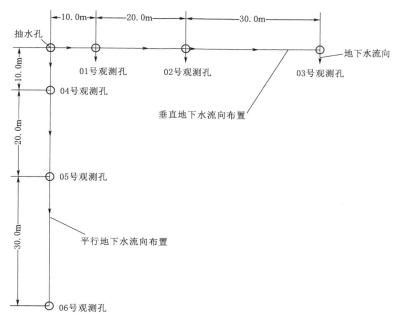

图 3.1-17 "一抽六观"抽水试验布置示意图

作,采用钢丝绳直接提调法下管;上层滞水和潜水观测孔井管选用外径为 350mm 的混凝土管,管长 2～5m 不等,层间基岩裂隙水观测孔井管选用外径为 350mm 的钢管,管长 2～5m 不等,过滤器为圆孔包网填砾类型,过滤器的位置与含水层位置相对应,含水层薄时选用短管;上层滞水、潜水观测孔沉砂管长 1m;基岩裂隙水观测孔井管沉砂管长 2m。野外记录上须详细记录钻孔所下管材的长度、位置、类型。

2)填砾、封填。砾料选用 2～4mm 的水洗滤料,砾料至过滤器及含水层顶 2～5m,对于潜水、层间承压水观测孔,填砾后在上部隔水层部位用 3～10mm 黏土球止水,止水厚度不小于 5m,采用人工方式进行缓慢回填,连续使用测线进行止水位置的校核,防止黏土球回填不到位而达不到止水效果。止水材料应填充密实完全、试压合格,填充厚度达到钻孔设计要求,杜绝上层水窜入取水目的层。上部再用优质黏土回填至孔口;砾料及黏土填入深度分别与花管、实管位置相对应,填砾及填黏土数量应根据井的容积和黏土球压缩情况计算填入量。填入时应边填边测填入深度,并与计算的容积量对比,防止局部架空。野外记录上须详细记录钻孔所下砾料和黏土球的数量及位置。

(3)洗孔与检查止水效果。利用空压机洗井或送水拉活塞与深井泵的联合洗井,洗井时间不少于 3～6 个台班,达到水清沙净标准,即当两次试抽单位涌水量误差小于 10%、含砂量小于 1/20000(体积比)方可结束。洗井结束后井内沉淀物高度应不大于设计井深的 5‰。保证观测水位准确,待水位恢复静止以后观测一次地下水位,并作为第一次观测记录。

抽水试验主孔及观测孔均采用一径到底的钻孔结构。根据本次抽水试验的目的及地层情况,抽水井及观测孔采用一径到底的井结构设计。主孔孔径为 600mm,主孔井管均采用水泥井管(滤水管),管径为 300mm,观测孔同主井结构一致。图 3.1-18 和图 3.1-19 分别为综合抽水试验及分层抽水试验主井结构示意图。

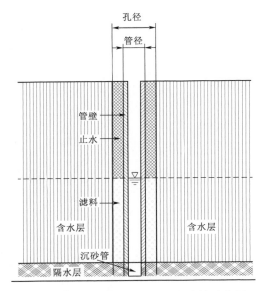

图 3.1 - 18　综合抽水试验主井结构示意图　　　图 3.1 - 19　分层抽水试验主井结构示意图

3. 抽水试验要求

（1）取样。取样包括水土两部分，其中水试样保证每个水文地质单元不少于 2 组，而土试样数量以满足定名、鉴别含水层、隔水层及室内试验为准。

（2）室内试验。土试样进行颗分及渗透性试验，水试样进行简分析（腐蚀性分析）。

（3）野外试验。观测孔的布置，应沿平行地下水流向的测线布置 3 孔。

（4）水文地质观测。抽水落程及稳定时间可执行《供水水文地质勘察规范》（GB 50027）、《砂砾石地层原位试验技术规程》（T/CSPSTC 86—2022）的规定。每次抽水试验大落程结束后，均进行水位恢复观测，并按规范要求进行观测记录。

待钻孔成孔及洗井结束后，进行抽水试验，本次抽水为稳定流抽水，抽水试验设备主要选用电潜水泵，水位观测主要采用电子水位计观测，流量测定主要采用三角堰或流量表测定，具体技术要求如下：

1）水位下降（降深）。正式抽水试验一般进行 3 个降深，每次降深的差值大于 1m。

2）稳定延续时间。稳定延续时间一般为 8～24h；稳定标准：在稳定时间段内，涌水量波动值不超过正常流量的 5%，主孔水位波动值不超过水位降低值的 1%，观测孔水位波动值不超过 2～3cm。若抽水孔、观测孔动水位与区域水位变化幅度趋于一致，则为稳定。

3）静止水位观测。试验前对自然水位要进行观测，一般地区每小时测定 1 次，3 次所测水位值相同，或 4h 内水位差不超过 2cm 者，即为静止水位。

4）水温和气温的观测。一般每 2～4h 同时观测水温和气温 1 次。

5）恢复水位观测。在抽水试验结束后或中途因故停抽时，均应进行恢复水位观测，通常宜按第 1min、2min、3min、4min、6min、8min、10min、15min、20min、25min、30min、40min、50min、60min、80min、100min、120min 进行观测，以后可每隔 30min 观测 1 次，直至完全恢复为止。观测精度要求同静止水位的观测。水位恢复后，观测时间可适当延长。

6）动水位和涌水量观测。抽水试验时，动水位和出水量的同步观测时间，宜在抽水开始后的第 5min、10min、15min、20min、25min、30min 各观测 1 次,以后每隔 30min 或 60min 测 1 次。

4. 资料整理

资料整理包括以下内容:

(1) 水文地质参数。主要采用潜水完整井井流计算公式,结合区域地质资料综合确定,有主要计算过程。

(2) 绘制抽水试验综合成果图表。包括 $Q-f(t)$、$s-f(t)$、$q-s$ 过程曲线和关系曲线、钻孔平面布置图、钻孔地质柱状图、岩芯鉴定表、抽水试验记录表、水质分析成果表、砂土颗粒分析成果定名表。

(3) 提交水文地质试验报告及有关附件。

1) 渗透系数计算。分别采用抽水资料及水位恢复资料进行计算。

2) 影响半径计算。采用抽水资料进行计算。

3) 涌水量计算。根据所揭露含水层情况,建立相应的水文地质计算模型,再根据水文地质模型及所求的含水层参数,计算基坑的涌水量。

3.2　砂卵砾石层物理特性分析

由于钻探的局限性,卵石的颗分试验成果不能充分反映卵石层实际颗粒粒径组成。

表 3.2-1 和表 3.2-2 为兰州某轨道交通某盾构区间卵石颗分成果统计表,该卵石试样是在钻孔岩芯中取样,常规地质钻孔孔径较小,对岩芯切削、扰动较大,对漂石、卵石取芯困难,难以准确揭示漂石的分布、含量等工程地质特征。

类似的地质勘察在条件许可时,宜直接开挖或利用已有基坑相结合的综合勘察方法。该方法可直观、准确揭示漂石分布、含量、粒径等物理特性,同时可进行砂卵砾石土的天然密度、$K30$ 基床系数试验、原位剪切试验、水文试验等测试。表 3.2-3 为兰州某轨道交通大型试验基坑开挖过程中进行现场筛分的卵石颗分成果统计表。颗分统计表明,基坑中进行卵石层的大型现场筛分试验,可以将卵石层颗粒粒径组成较为全面地反映。为了进一步消除试验点的代表性问题,应增加进行盾构区间沿线筛分试验点和颗粒粒径调查成果。

类似的卵石地层也同样出现在成都、北京的轨道交通工程中。勘察结果发现,在砂卵砾石层中漂石含量为 5.9%~24.5%,平均为 15.85%。其中粒径为 20~30cm 的漂石含量为 3.71%~19.21%,平均为 11.53%;粒径为 30~40cm 的漂石含量为 0.21%~6.47%,平均为 3.53%;粒径为 40~50cm 的漂石含量为 0.07%~2.30%,平均为 0.80%;粒径大于 50cm 的漂石含量为 0~1.09%,平均为 0.44%;粒径为 20~40cm 的漂石占漂石总量的 90%~97%,粒径大于 40cm 的漂石占漂卵石体积比的 0.4%~1.7%,占漂石总量的 3%~7%。漂石随深度的分布情况:深度为 0~5m 的漂石含量 4.4%,深度为 5~10m 的漂石含量为 7.75%,深度为 10~15m 的漂石含量为 8.10%,深度为 15~20m 的漂石含量为 8.84%,深度为 20~25m 的漂石含量为 8.36%,深度为 5~25m 的漂石含量相对稳定在 7.75%~8.84%。

对卵石层的基坑开挖,需要采取井群降水、探井护壁等措施才能取得令人满意的成果。

表 3.2-1　　　　　　　　　　兰州某轨道交通某盾构区间卵石颗粒分析成果统计表

岩土编号	岩土名称	统计指标	颗粒组成								不均匀系数 C_u	曲率系数 C_c	有效粒径 d_{10} /mm	中间粒径 d_{30} /mm	平均粒径 d_{50} /mm	限制粒径 d_{60} /mm	土样定名*
			>60mm	60~40mm	40~20mm	20~2mm	2~0.5mm	0.5~0.25mm	0.25~0.075mm	0.075~0.005mm							
2-10	卵石	最小值/%	0.00	8.80	9.40	3.10	0.60	0.50	0.20	0.00	2.21	0.10	0.05	0.76	13.69	24.22	卵石
		最大值/%	42.30	68.30	32.70	25.70	13.90	12.50	9.40	12.00	310.73	38.28	21.43	38.12	51.16	61.66	
		平均值/%	11.63	30.84	22.11	15.19	7.09	5.36	4.87	2.91	113.10	10.29	1.23	13.84	34.04	41.92	
		标准差	12.890	11.166	5.820	4.905	3.506	3.033	2.458	2.763	66.129	8.624	3.565	8.626	8.334	8.130	
		变异系数	1.109	0.362	0.263	0.323	0.494	0.566	0.504	0.949	0.585	0.838	2.909	0.623	0.245	0.194	
		统计个数	37	37	37	37	37	37	37	37	34	34	37	37	37	37	
3-11	卵石	最小值/%	0.00	13.40	7.50	2.30	0.50	1.00	0.80	-0.01	9.18	0.56	0.04	2.22	21.90	28.46	卵石
		最大值/%	34.50	73.10	38.70	21.20	13.70	11.80	8.50	13.60	1072.10	389.70	4.50	47.30	73.55	76.25	
		平均值/%	6.44	32.73	24.65	13.87	7.70	5.65	4.09	4.86	213.06	40.80	0.50	13.11	33.57	40.51	
		标准差	8.60	12.90	6.33	5.39	4.10	2.89	1.69	3.71	239.56	93.16	0.89	11.20	10.78	9.77	
		变异系数	1.335	0.394	0.257	0.389	0.533	0.511	0.412	0.762	1.124	2.284	1.79	0.85	0.321	0.241	
		统计个数	24	24	24	24	24	24	24	24	24	24	24	24	24	24	

注　*土样定名依据《土的工程分类标准》(GB/T 50145—2007)。

表 3.2-2　兰州某轨道交通某盾构区间卵石颗粒分析成果统计简表

岩土编号	岩土名称	统计指标	颗粒组成								不均匀系数 C_u	曲率系数 C_c	土样定名
			>60mm	60~40mm	40~20mm	20~2mm	2~0.5mm	0.5~0.25mm	0.25~0.075mm	<0.075mm			
2-10	卵石	最大值/%	50.30	50.10	44.80	27.30	15.70	11.80	13.40	9.72	324.68	158.70	卵石
		最小值/%	0.00	8.60	9.40	1.00	0.60	0.50	2.60	0.20	49.75	0.11	
		平均值/%	11.94	28.24	23.32	12.40	7.77	6.07	5.99	4.27	159.04	19.34	
		标准差	16.959	10.389	8.265	7.808	4.624	3.129	2.833	2.990	72.260	38.139	
		变异系数	1.420	0.368	0.354	0.630	0.595	0.515	0.473	0.701	0.454	1.972	
		统计个数	23	23	23	23	23	23	23	23	18	18	
3-11	卵石	最大值	31.40	58.10	32.40	25.70	18.90	10.30	12.20	12.00	264.55	44.80	卵石

表 3.2-3　现场颗粒分析地基土物性成果汇总表

编号	取样深度/m	含水量/%	天然状态					比重/%	颗粒组成/%									不均匀系数 C_u	曲率系数 C_c	土样定名
			密度/(g/cm³)	干密度 黏度/(Pa·s)	孔隙比	孔隙度/%	饱和度/%		>200mm	200~60mm	60~20mm	20~5mm	5~2mm	2~0.5mm	0.5~0.25mm	0.25~0.075mm	<0.075mm			
τ₁组	7.2	3.8	2.18	2.10	0.295	22.2	35.0	2.70	0.0	6.1	24.1	23.0	1.7	1.4	6.0	26.2	11.6	173.8	0.025	卵石
τ₂组	14.5	8.0	2.28	2.11	0.288	21.8	75.4	2.70	3.5	13.0	38.8	24.4	4.5	2.1	2.7	8.1	3.0	154.140	19.355	卵石

3.3　砂卵砾石层力学特性分析

3.3.1　砂卵砾石层变形和强度特性

1. 应力应变特性

　　现场进行了不同深度原位剪切试验,试验剪应力-剪切位移曲线见图 3.3-1。从图中可以看出,随着试验深度的增加,土体发生屈服破坏时,剪切位移逐渐减少。这是因为土体发生破坏前所能产生位移的空间随深度增加而减少,即随着深度增加,土体的孔隙减少,密实度增加。由此推断出,卵石土随着深度增加,更易发生塑性变形破坏。图 3.3-1 曲线显示,土体的剪应力随剪切位移增加而增加,但增加速率越来越慢,最后逼近一渐近线。在塑性理论中,试验砂卵砾石土的应力-应变曲线属于位移硬化型。由于卵石土在沉积过程中,长宽比大于 1 的片状、棒状颗粒在重力作用下倾向于水平方向排列而处于稳定的状态;另外,在随后的固结过程中,竖向的上覆土体重力产生的竖向应力与水平土压力产生的水平应力大小是不等的。在试验中,体应变只能是由剪应力引起的,剪应力引起土颗粒间相互位置的变化使其排列发生变化,从而使颗粒间的孔隙加大,进而发生了剪胀。而平均主应力增量 Δp 在加载过程中总是正的,土颗粒趋于恢复到原来的最小能量的水平状态,在剪切过程中剪应力要克服卵石土的原始状态,在达到峰值强度后,剪

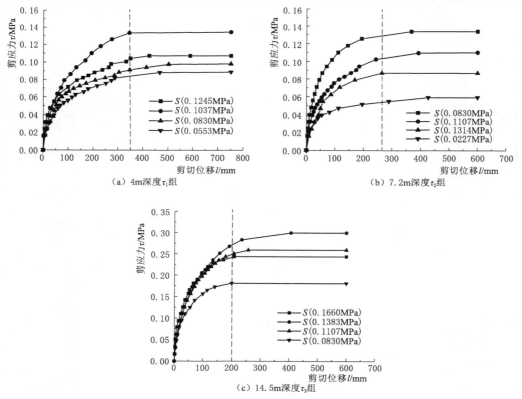

（a）4m深度τ_1组

（b）7.2m深度τ_2组

（c）14.5m深度τ_3组

图 3.3-1　不同深度卵石土抗剪试验 $\tau - l$ 曲线（S 为垂直压力）

应力未发生随应变增加而下降情况。

2. 抗剪强度特性

砂卵砾石土剪切试验是对漂卵石等粗颗粒作为骨架、细颗粒填充的混合土进行剪切。当其受到剪切应力时，砂卵砾石沿着剪应力的方向相互挤压、错动，在剪应力达到一定程度时，其原有土体结构遭到破坏。图 3.3-2 为 3 组砂卵砾石土剪切试验 τ-σ 曲线，通过曲线可以获得 3 组试验的砂卵砾石土的抗剪强度参数，见表 3.3-1。

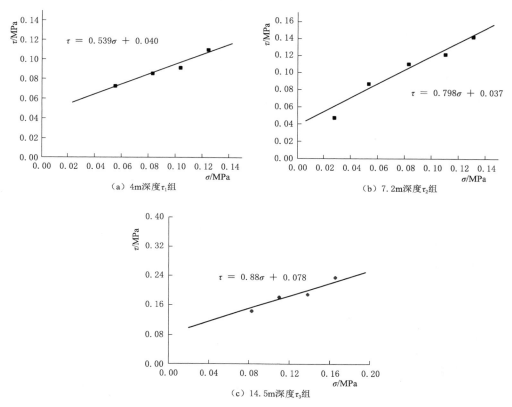

图 3.3-2 不同深度卵石土抗剪试验 τ-σ 曲线

表 3.3-1　　　　　　　　　　　　　抗剪强度试验成果汇总表

试验编号	试验深度 /m	含水量 ω /%	天然密度 ρ /(g/cm³)	干密度 ρ_d /(g/cm³)	孔隙比 e	饱和度 Sr /%	定名	抗剪参数		初始剪切应力 τ_0/kPa
								f	c/kPa	
τ_1	4	3.1	2.19	2.12	0.274	30.5	卵石	0.54	40.0	25.6
τ_2	7.2	3.0	2.17	2.11	0.282	28.9	卵石	0.80	37.0	36.7
τ_3	14.5	8.0	2.28	2.11	0.279	77.4	卵石	0.88	78.0	36.2

一般散体材料都有一定的黏结性，由于表观黏聚力，即由吸附强度或土颗粒之间的咬合作用形成的不稳定黏聚力的存在，土体本身就具有一个初始的剪切应力 τ_0。在理想的散体材料中，$\tau_0=0$ 时，抗剪角等于内摩擦角。在一般土体中，根据具有黏结性的散体材料应力图，可以求得初始剪切应力 τ_0。

$$\tau_0 = \frac{h_0\rho g}{2}\mathrm{tg}\left(45° - \frac{\varphi}{2}\right) = \frac{h_0\rho g}{2(f + \sqrt{1 + f^2})} \tag{3.3-1}$$

式中　h_0——材料垂直壁的最大高度，反映材料黏性，cm；

ρ——堆积密度，$\mathrm{g/cm^3}$；

φ——内摩擦角，(°)；

f——抗剪系数。

表 3.3-1 中的数据显示，公式（3.3-1）计算出的 τ_0 明显小于由图解法得到的土体表现黏聚力 c 值，且试验深度在 4.0m 和 14.5m 时，明显小于 c 值。假定卵石土中含的黏粒、含水率一定时，土体中的黏聚力变化不大，当卵石土离地面越近，密实度越小，颗粒的接触面积相对较小，其表观黏聚力中由咬合作用形成的不稳定黏聚力占的比例较大；当土层深度较大时，密实度越大，颗粒的接触面积相对较大，但颗粒咬合得更加紧密，其表观黏聚力中由咬合作用形成的不稳定黏聚力占比也会较大。这表明在抗剪切强度参数中咬合力在卵石土松散和密实两个情况下对表观黏聚力影响较大。因此，影响抗剪强度的因素取决于颗粒之间的内摩擦阻力和黏聚力。对于卵石土等粗粒土的黏聚力问题，一般认为颗粒间无黏结力。但由于颗粒大小相差悬殊，充填中颗粒间相互咬合嵌挂，在剪切过程中外力既要克服摩擦力做功，又要克服颗粒间相互咬合嵌挂作用做功，因此无黏性粗粒土在剪切过程中存在咬合力。

3.3.2　砂卵砾石土力学参数变化理论分析

砂卵砾石土实际上是一种非典型的"混合土"，即卵石土中粒径小于 0.075mm 颗粒含量小于 25%，但缺乏部分中间粒径的土。作为类混合土，其岩土试验方法及力学参数取值是土力学和工程领域中的一个重要问题。

1. 粗粒土与细粒土孔隙结构的理想模式

粗粒土有其不同于细粒土的结构特征：粗粒径的卵、砾石形成骨架，细粒径的砂和粉粒、黏粒充填在粗粒孔隙中，因此形成基质。卵、砾石和砂主要提供摩擦力；粉粒、黏粒主要提供黏聚力，摩擦力很小。两种粒径范围不同的颗粒混合时，细颗粒充填在粗颗粒孔隙之中。

图 3.3-3 为不同含量粗粒土与细粒土的孔隙结构。当混合土完全由粗粒组成时，颗粒直接接触，颗粒之间为空气孔隙 [图 3.3-3 (a)]，此时混合土的抗剪强度为粗粒土颗粒的摩擦强度。当细粒土含量达到某一临界值时，细粒土全部充填在粗粒土颗粒之间的大孔隙中，粗粒土颗粒处于准接触状态，接触点上存在局部细粒土膜，该土膜得到强烈压实 [图 3.3-3 (b)]，此时，混合物的抗剪强度受到粗粒土和细粒土的共同控制。当继续增大细粒土含量时，细粒土会占据粗粒土颗粒接触点之间的空间，粗粒土颗粒将彼此膨胀分离，处于"悬浮"状态 [图 3.3-3 (c)]，此时混合物的强度主要由细粒土控制，粗粒土颗粒间因为不接触，几乎不提供摩擦力。

2. 粗颗粒含量对混合土强度的影响

已有的抗剪强度试验结果表明，混合土强度控制因素变化不是一个阈值，而是一个区间，见表 3.3-2。粗颗粒含量对混合土强度的影响反映了混合土结构形式对强度指标的影响，随着粗颗粒含量的增长，混合土的结构从典型的悬浮密实结构逐步转变为骨架密实

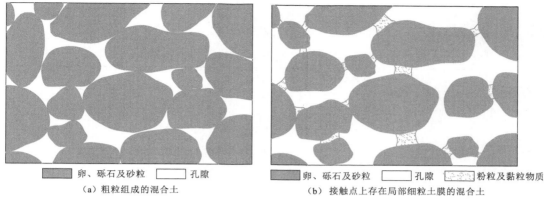

（a）粗粒组成的混合土　　　　　　　　（b）接触点上存在局部细粒土膜的混合土

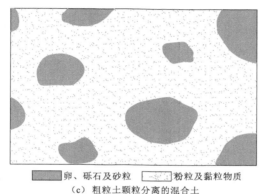

（c）粗粒土颗粒分离的混合土

图 3.3-3　不同含量粗粒土与细粒土孔隙结构示意图

结构，并最终变为骨架孔隙结构。不同结构形式的混合土强度存在明显的差异。许多学者的研究指出，在同等条件下，强度指标随大粒径颗粒所占的比例增大而增大。当粗粒含量小于 30％时，混合土处于图 3.3-3（c）的悬浮密实结构状态，即使有少量的大颗粒，对强度指标的影响也不大；当粗粒含量在 30％～70％时，混合土处于图 3.3-3（b）的骨架密实结构，混合土的强度指标随大颗粒含量增长而增长；当粗粒含量大于 70％时，混合土的抗剪强度主要由粗颗粒的摩擦强度提供。

表 3.3-2　　　　　　　　　影响抗剪强度指标变化的粗颗粒含量界限值　　　　　　　　　　　　　　%

序号	粗颗粒含量低值	粗颗粒含量高值	序号	粗颗粒含量低值	粗颗粒含量高值
1	30	60	4	40	—
2	30	70	5	—	65～70
3	50	70	6	20	60

3.3.3　典型工程卵石层剪切强度统计分析

以某轨道交通工程为研究对象，线路两穿黄河，黄河两岸Ⅰ级阶地、Ⅱ级阶地、漫滩区及黄河河床，地形平坦，上部普遍分布第四系全新统冲洪积砂卵砾石层；在七里河断陷盆地第四系全新统冲洪积砂卵砾石层下为第四系下更新统半胶结巨厚砂卵砾石层，厚度大。根据某轨道交通工程大型原位剪切试验成果，对 1 号线沿线第四系全新统冲洪积砂卵砾石层成果进行了统计，具体见表 3.3 - 3 和表 3.3 - 4。

表 3.3 - 3　　　　某轨道交通工程沿线 Q_4^{al+pl} 砂卵砾石层抗剪强度统计成果

试验编号	场地	试验深度/m	内摩擦角 φ/(°)		黏聚力 c/kPa	
			峰值强度	残余强度	峰值强度	残余强度
1	陈官营	7.2	41.3	38.7	48	37
2	大滩	4	32.2	28.4	49	40
3	世纪大道	7.2	43.5	39.0	32	52
4	西关十字	10	33.9	29.6	49.6	33.9
5		10	34.1	24.6	27.3	23.6
6		11	33.3	30.5	41.3	1.9
7		11	35.3	33.8	22.5	13.2
8	南关十字	12	35.3	33.8	50	34
9		13	38.2	26.9	21	16
10		14	44.5	37	20	4
11		15	35.4	33.2	35	10
统计个数			11	11	11	11
最小值			32.2	24.6	20	1.9
最大值			44.5	39.0	50	52
平均值			37.00	32.32	35.97	24.15
标准差			4.261	4.769	12.157	16.346
变异系数			0.115	0.148	0.338	0.677
标准值			34.65	29.68	29.26	15.12

表 3.3 - 4　　　　某轨道交通工程沿线 Q_1^{al+pl} 砂卵砾石层抗剪强度统计成果

试验编号	场地	试验深度/m	内摩擦角 φ/(°)		黏聚力 c/kPa		备注
			峰值强度	残余强度	峰值强度	残余强度	
1	大滩	4	54.46	50.43	89	72	胶结卵石
2	世纪大道	14.5	48.7	41.3	105	78	
3	马滩	24	34.45	30.2	24.75	0.65	
4		26	36.51	28.82	16.9	0.5	
5		24	41.65	37.84	7.92	0.5	
6		26	36.95	30.76	17.47	1.72	
7	西站	20	35.48	31.24	9.74	0.47	
8		22	36.51	28.82	15.85	0.5	
9		20	41.65	37.84	8.37	0.45	
10		22	36.95	30.76	13.6	0.85	

续表

试验编号	场地	试验深度 /m	内摩擦角 φ/(°)		黏聚力 c/kPa		备注
			峰值强度	残余强度	峰值强度	残余强度	
统计个数			10	10	10	10	
最小值			34.45	28.82	7.92	0.45	
最大值			48.7	41.3	105	78	
平均值			38.76	33.06	30.86	15.56	
标准差			4.493	4.632	30.688	25.768	
变异系数			0.116	0.140	1.258	2.773	
标准值			35.95	30.17	5.20	6.83	

统计结果显示，Q_4 砂卵砾石层的内摩擦角略小于 Q_1 砂卵砾石层，Q_4 砂卵砾石层的黏聚力略大于 Q_1 砂卵砾石层。

3.3.4 卵石地层基床系数结果分析

基床系数也称弹性抗力系数，是地基土在外力作用下，产生变形时所需的压力。结构物是指受水平力、垂直力和弯矩作用的基础、衬砌及桩等，变位是指基础竖向变位、衬砌（包括地下室外墙）的侧向变位、桩的水平和竖向变位等，结构物内力与变位计算的准确性直接涉及结构物的安全与造价。因此，准确测定基床系数是市政工程设计的重要参数之一。

1. $K30$ 载荷试验获取基床系数

$K30$ 载荷试验在 Q_1 和 Q_4 两个时代卵石层进行了 8 组，见图 3.3-4～图 3.3-11，Q_4 砂卵砾石层水平和垂直方向的 $K30$ 值分别为 106～118MPa/m 和 112～136MPa/m，见表 3.3-5。Q_1 砂卵砾石层水平和垂直方向的 $K30$ 值分别为 224MPa/m 和 296MPa/m，见图 3.3-10 和图 3.3-11。从试验结果可见，垂直方向 $K30$ 一般略大于水平方向；此外，由于 Q_1 砂卵砾石沉积时代较早，埋深大、上覆土层压力大，密实度较 Q_4 砂卵砾石高，Q_1 砂卵砾石基床系数大于 Q_4。

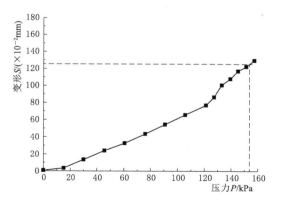

图 3.3-4 $K30$ 载荷试验 P-S 关系曲线
（CG，6m 试验深度，垂直向推力）

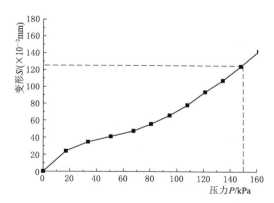

图 3.3-5 $K30$ 载荷试验 P-S 关系曲线
（CG，7m 试验深度，水平向推力）

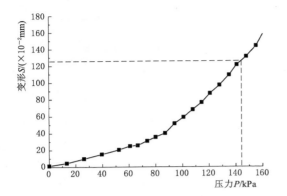

图 3.3-6　K30 载荷试验 P-S 关系曲线
（AT，4m 试验深度，垂直向推力）

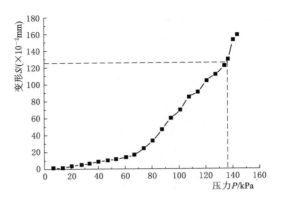

图 3.3-7　K30 载荷试验 P-S 关系曲线
（AT，3m 试验深度，水平向推力）

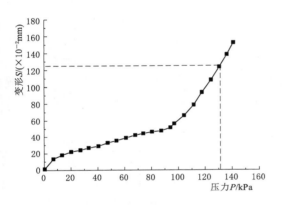

图 3.3-8　K30 载荷试验 P-S 关系曲线
（SJ，6.5m 试验深度，水平向推力）

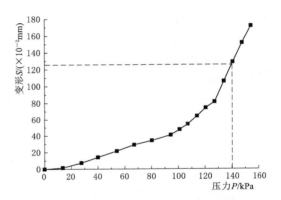

图 3.3-9　K30 载荷试验 P-S 关系曲线
（SJ，7m 试验深度，垂直向推力）

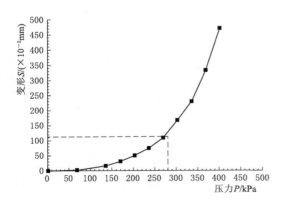

图 3.3-10　K30 载荷试验 P-S 关系曲线
（AT，11.5m 试验深度，水平向推力）

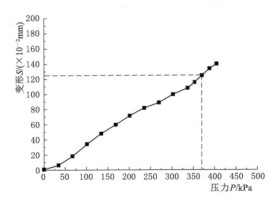

图 3.3-11　K30 载荷试验 P-S 关系曲线
（AT，11.5m 试验深度，垂直向推力）

表 3.3 - 5   **K30 载荷试验结果汇总表**

序号	试验编号	试验深度 /m	推力方向	K30 参数指标			备注
				沉降基准值 /m	对应荷载 /MPa	K30 /(MPa/m)	
CG	K30 - 3	6	垂直	0.00125	0.170	136	Q_4
	K30 - 4	7	水平	0.00125	0.148	118	砂卵砾石层
AT	K30 - 1	4	垂直	0.00125	0.144	115	Q_4
	K30 - 2	3	水平	0.00125	0.135	108	砂卵砾石层
SJ	K30 - 3	7	垂直	0.00125	0.140	112	Q_4
	K30 - 4	6.5	水平	0.00125	0.132	106	砂卵砾石层
AT	K30 - 3	11.5	垂直	0.00125	0.370	296	Q_1
	K30 - 4	11.5	水平	0.00125	0.280	224	砂卵砾石层

2. 旁压试验获取基床系数

旁压试验获取侧向基床系数，根据弹性阶段压力增量及相应的位移增量进行计算，计算公式如下：

$$K_h = (P_f - P_0)/(R_f - R_0) \quad\quad\quad (3.3 - 2)$$

式中　P_f——临塑压力，kPa；

　　　P_0——初始压力，kPa；

　　　R_f——临塑压力时旁压器的侧向位移，mm；

　　　R_0——初始压力时旁压器的侧向位移，mm。

表 3.3 - 6 和表 3.3 - 7 为 Q_1 和 Q_4 砂卵砾石层旁压试验成果，Q_4 砂卵砾石水平方向的基床系数值为 245.2～429.5MPa/m，Q_1 胶结砂卵砾石水平基床系数为 582.7～724.5MPa/m。从试验结果可知，Q_1 的基床系数值明显大于 Q_4，Q_1 砂卵砾石层固结程度较 Q_4 砂卵砾石层高，颗粒之间孔隙较小，地层密实度较高，抗变形能力较强。考虑到实际工程中的土体工作状态多处于弹～塑性阶段或塑性阶段，由公式（3.3 - 2）计算出的结果往往偏大很多。旁压试验可理想化为圆柱孔穴扩张课题，相对于轴对称平面应变问题，圆柱孔穴的抗变形能力更强，测试得到基床系数更大。

表 3.3 - 6   **Q_4 砂卵砾石层旁压试验结果**

试验编号	地质时代	深度 /m	初始压力 P_0/kPa	临塑压力 P_f/kPa	旁压模量 E_m/MPa	旁压剪切模量 G_m/MPa	基床系数 K_h/(MPa/m)
X1Z - 162		15	847	2912	64.976	41.260	301.531
X1Z - 166		8.5	643	2750	42.474	27.183	245.235
X1Z - 207	Q_4	9	489	2489	54.525	34.623	429.464
X1Z - 211		7	659	2500	43.304	27.715	250.166
X1Z - 115		8	654	2350	41.176	30.192	373.509
X1Z - 129		4.5	637	2250	41.89	26.810	328.657

试验编号	地质时代	深度 /m	初始压力 P_0/kPa	临塑压力 P_f/kPa	旁压模量 E_m/MPa	旁压剪切模量 G_m/MPa	基床系数 K_h/(MPa/m)
X1Z – 146		12	712	2489	50.474	32.303	305.648
X1Z – 225	Q_4	10	723	2750	45.399	28.828	255.959
X1Z – 228		8	678	2750	42.159	26.982	337.846

表 3.3 - 7　　　　　　　　　Q_1 砂卵砾石层旁压试验成果

试验编号	地质时代	深度 /m	初始压力 P_0/kPa	临塑压力 P_f/kPa	旁压模量 E_m/MPa	旁压剪切模量 G_m/MPa	基床系数 K_h/(MPa/m)
X1Z – 162		22	1125	5655	80.697	50.436	704.457
X1Z – 166		16.5	775	5500	78.062	49.179	720.106
X1Z – 207		20	859	5500	85.682	53.551	601.747
X1Z – 211	Q_1	17	821	3850	92.681	56.999	724.473
X1Z – 225		24.5	650	5000	74.719	45.952	673.002
X1Z – 228		18.6	759	5250	79.063	49.414	582.745
X1Z – 197		18.3	713	5500	80.996	50.217	772.511

3. 圆锤动力触探试验获取基床系数

砂卵砾石地层的地基变形模量和重型动力触探击数 $N_{63.5}$ 的相关关系经验公式[6] 如下：

$$E_0 = 4.48 N_{63.5}^{0.7554} \qquad (3.3 - 3)$$

式中　E_0——变形模量，MPa；

　　　$N_{63.5}$——圆锤动力触探击数，击。

由浅层平板载荷试验得到的公式：

$$K = \frac{E_0}{I_0(1-\mu^2)d} \qquad (3.3 - 4)$$

式中　K——基床系数，MPa/m；

　　　I_0——刚性承压板形状系数，取 0.785；

　　　μ——泊松比，取 0.27；

　　　d——承压板直径，取 0.3m。

得到公式：

$$K = \frac{4.48 N_{63.5}^{0.7554}}{I_0(1-\mu^2)d} \qquad (3.3 - 5)$$

表 3.3 - 8 为 Q_1 和 Q_4 砂卵砾石层根据动力触探试验击数成果估算的基床系数值，Q_4 砂卵砾石的基床系数值为 218.5～255.7MPa/m，Q_1 胶结砂卵砾石水平基床系数为 256.4～339.8MPa/m。动力触探除了用锤击数作为触探指标外，还可以采用动贯入阻力表征。目前动贯入阻力国内外应用最广泛的是荷兰公式，荷兰公式是建立在古典牛顿非弹性碰撞理论的基础上，完全不考虑弹性变形能的消耗，这与基床系数 K（弹性抗力系数）相悖。因此，根

据经验公式，通过动力触探试验击数成果估算基床系数较为适宜。

表 3.3 - 8 根据动力触探试验成果估算的基床系数

地层	项 目	工 点						
		CA 区间	ATZ 站	AS 区间	SJD 站	SY 区间	YMT 站	YM 区间
Q_4 砂卵砾石	动力触探修正值 $N_{63.5}$/击	28.2	27.0	25.1	22.9	23.8	26.2	23.4
	基床系数 K/(MPa/m)	255.7	247.4	234.1	218.5	224.9	241.8	222.1
Q_1 砂卵砾石	动力触探修正值 $N_{63.5}$/击	41.1	36.6	39.2	29.8	28.3	39.9	38.3
	基床系数 K/(MPa/m)	339.8	311.3	327.9	266.6	256.4	332.3	322.2

4. 基床系数各种获取方法及成果对比分析

表 3.3 - 9 为砂卵砾石地层几种方法获取的基床系数值，由表中可以看出，砂卵砾石抵抗变形的能力与土体的密实程度密切相关，土体的密实程度受土体的沉积年代、应力历史影响。表 3.4 - 9 显示 Q_4 砂卵砾石层 $K30$ 的结果与《城市轨道交通岩土工程勘察规范》（GB 50307—2012）建议值比较接近，旁压试验值是规范建议值的 2.5～4 倍，动力触探试验值是规范建议值的 2 倍；Q_1 砂卵砾石层 $K30$ 的结果是规范建议值的 2 倍，旁压试验值是规范建议值的 5～7 倍，动力触探试验值是规范建议值的 2～3 倍。考虑规范建议值只考虑了密实度的影响，$K30$ 的结果较为真实地反映了基床系数取值。考虑到 $K30$ 测试实施难度较大，可根据旁压试验和动力触探试验统计结果引入修正系数对计算结果进行修正。

已有研究结果表明，旁压试验获得的基床系数，对黏性土及全、强风化岩层，其修正系数可采取 0.25～0.35；对饱和的砂土层，其修正系数采用 0.20～0.30。通过此次试验对比（表 3.3 - 9），砂卵砾石地层通过旁压试验获取的基床系数，其修正系数可采用 0.20～0.40；通过动力触探统计结果获取基床系数，其修正系数可采用 0.30～0.40。

表 3.3 - 9 砂卵砾石基床系数取值对比

地层	埋深/m	获取方法	水平基床系数 K_h/(MPa/m)	垂直基床系数 K_v/(MPa/m)
Q_4 砂卵砾石	3～12	$K30$ 载荷试验	106～118	112～136
		旁压试验	245.2～429.5	
		动力触探试验		218.5～255.7
		参考《城市轨道交通岩土工程勘察规范》	50～120	50～120
Q_1 砂卵砾石	15～30	$K30$ 载荷试验	224	296
		旁压试验	582.7～724.5	
		动力触探试验		256.4～339.8
		参考《城市轨道交通岩土工程勘察规范》	50～120	50～120

从以上对比分析可以看出，基床系数的大小与土体的类别、物理力学性质、结构物基础部分的形状、大小、刚度、位移有关以外，还与埋深、应力水平、应力状态、时间效应等因素有关，这些因素共同决定了基床系数是一个较难获取的指标。对粗粒土来说，密实程度高，含水量小，土颗粒之间的可压缩的孔隙小，在外力的作用下排出的液体、气体相对较少，基床系数就越大。所以，砂卵砾石地层的密实程是基床系数大小的决定因素[9]。此外，对于砂卵砾石层这种粗粒土而言，级配较好的土体，孔隙之间填充较好，抗压缩能力较强，基床系数则会更高。

5. 结　论

通过对 $K30$ 载荷试验、旁压试验和动力触探试验成果获得的基床系数进行分析，研究结论如下：

（1）通过重型动力触探结果可看出，Q_1 砂卵砾石层较 Q_4 砂卵砾石层密实，沉积较早的砂卵砾石层由于上覆荷载较大与固结时间较长，基床系数相对较大。因此，基床系数在密实程度基础上应充分考虑地层沉积年代、应力历史等因素。

（2）通过对砂卵砾石 $K30$ 载荷试验、旁压试验、动力触探试验和《城市轨道交通岩土工程勘察规范》建议值获取的基床系数进行对比，$K30$ 的结果能较真实地反映地基基床系数取值。考虑到测试 $K30$ 实施难度较大，砂卵砾石地层可根据旁压试验和动力触探统计结果引入修正系数对计算结果进行修正。

（3）通过此次试验对比，砂卵砾石地层通过旁压试验获取的基床系数，其修正系数可采用 0.20～0.40；通过动力触探试验击数统计结果获取的基床系数，其修正系数可采用 0.30～0.40。

3.3.5　砂卵砾石层旁压试验结果分析

1. 基床系数

以某轨道交通某区间的旁压试验为例，分析其测试结果，图 3.3－12～图 3.3－15 为不同深度现场旁压试验得到的 $P-V$ 曲线。

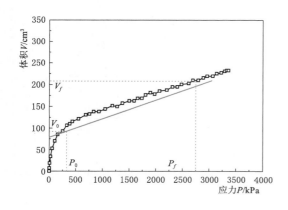

图 3.3－12　C1Z－114（23m 深度）旁压
试验曲线

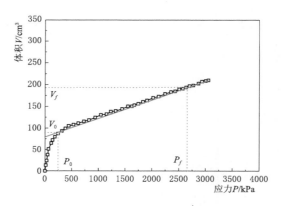

图 3.3－13　C1Z－115（25m 深度）旁压
试验曲线

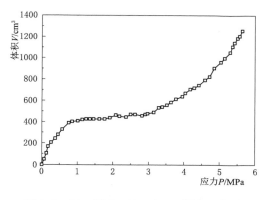

图 3.3-14 XLZ-177（10m 深度）旁压
试验曲线

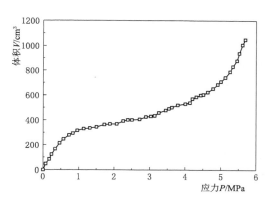

图 3.3-15 XLZ-185（8m 深度）旁压
试验曲线

根据以上现场旁压试验曲线，通过分析计算可以得到旁压参数 V_0、V_f、P_0、P_f、P_l、E_m、f_{ak}、E_0 及 K_h，详细成果见表 3.3-10。

表 3.3-10   旁 压 试 验 成 果

钻孔编号	试验深度/m	地层编号	试 验 成 果									
			V_0/cm^3	V_f/cm^3	P_0/kPa	P_f/kPa	P_L/kPa	E_m/MPa	G_m/MPa	f_{ak}/kPa	E_0/MPa	K_h/(MPa/m)
X1Z-177	10	2-10 砂卵砾石层	480	535	667	2684	5709.5	66	41.2	672.3	264	607.3
X1Z-185	8		426	535	657	2659	5662	50	28.8	667.3	200	318.4
X1Z-197	9		535	596	679	2519	5279	46.8	30	613.3	187.2	251.5
C1Z-114	23	3-11 砂卵砾石层	109	217	330	2804	—	57.3	23.9	824.7	229.2	1165
C1Z-115	25		89	192	254	2718	—	58.6	24.4	821.3	234.4	1191
X1Z-197	18.3		296	535	713	5500	12680.5	81	50.2	1595.7	324	772.5
X1Z-185	16.5		303	535	729	5000	11406.5	74.3	46.8	1423.7	297.2	597.4

在砂卵砾石土的旁压试验过程中，由于漂石和难以避免的孔径的影响，各岩组土层的旁压试验结果比较离散，反映了试验点对应的土层土性和状态的变化，但也有可能是受试验成孔的影响，试验钻孔的扰动使旁压模量降低。但是，水平基床系数与上覆土层厚度呈正相关关系，即试验点土的自重压力越大，卵石土的水平弹性抗力系数越大。

2. 旁压试验成果的应用

（1）地基承载力特征值。据现场试验和室内试验成果，以及各土层工程性质，参考《工程地质手册》（第四版）、《铁路工程地质勘察规范》（TB 10012—2019）、《兰州市工程地质图说明书》等有关经验表格和经验公式，并经工程类比，综合给出各土层的地基承载力建议值，见表 3.3-11。

表 3.3 - 11　　　　　　　　　　地基承载力建议值 f_{ak}　　　　　　　　　单位：kPa

确 定 方 法	2 - 10 卵石 Q_4	3 - 11 卵石 Q_1
《工程地质手册》（第四版）	400~800	600~800
《工程地质手册》（第四版）	600~1000	720~1000
《工程地质手册》（第四版）	500~1000	800~1000
《铁路工程地质勘察规范》	650~1200	1000~1200
《兰州市工程地质图说明书》（允许承载力）	500~600	700~1000
旁压试验	613~673	824~1596

试验场地内通过旁压测试计算得到地基承载力特征值与其他测试方法得出的结果进行比较，可得出以下结论：

1）旁压试验与其他测试方式得出的地基土承载力特征值基本一致。

2）旁压试验作为一种原位测试方法，能较好地求解出深层地基土的地基承载力参数。

（2）变形模量。依据现场试验成果，以及各土层工程性质，参考《工程地质手册》（第四版）有关经验表格，并经工程类比，综合给出各土层的变形模量建议值，见表3.3 - 12。

表 3.3 - 12　　　　　　　　　　卵石土变形模量建议值 E_0　　　　　　　　　单位：MPa

确 定 方 法	2 - 10 卵石 Q_4	3 - 11 卵石 Q_1
《工程地质手册》（第四版）	37.5~64	44.5~64
《工程地质手册》（第四版）	31~62	37~62
《工程地质手册》（第四版）	44.5~64.4	50.8~64.4
旁压试验	187.2~264	229.2~324

由表3.3 - 12可知，旁压试验计算得出的卵石土变形模量是重型动力触探试验计算得出的结果大3~5倍，明显偏大。这主要是因为重型动力触探试验与旁压试验相比，对卵石的扰动较大，受卵石颗粒级配影响也较大，因此，旁压试验的计算值更接近卵石地基在原始状态下的变形强度。

旁压试验计算得出的水平基床系数与现场 $K30$ 试验以及重型动力触探试验结果相比明显偏大，而且离散性很大，这主要是由两者测试方法不同造成的。旁压试验是在曲面上进行，地层变形受到相邻卵石颗粒的限制，基床系数测试结果偏高；$K30$ 试验是在平面上进行，测试条件与建筑结构和卵石土作用方式相近。因此，基床系数建议值取值应以现场 $K30$ 试验为主。根据旁压试验资料分析，并与其他工程的试验资料比较，认为试验的成果是可靠的，能反映各岩组土体的原位工程力学特性。

3.3.6　岩土参数在围护结构设计中的应用

SJDD站基坑开挖深度内涉及地层依次为：1 - 1 杂填土（Q_4^{ml}）、2 - 1 黄土状土（Q_4^{al}）、2 - 10 卵石（Q_4^{al+pl}）、3 - 11 卵石（Q_1^{al+pl}）。其中 2 - 10 卵石、3 - 11 卵石分布在基坑中部、

下部，且分布范围大，这两层卵石层的物理力学指标对基坑支护方案有直接的影响。

在岩土勘察阶段，为获取 SJDD 站卵石层准确的物理力学参数，勘察单位在车站主体结构外侧开挖了一个长 36m、宽 33m、深度 15m 的基坑，在基坑内进行了现场物理指标测试和大型剪切试验，获取了 2-10 和 3-11 卵石层的物理指标和抗剪强度参数，具体见表 3.3-13。

表 3.3-13　　　　　　　　　　　土层物理力学性质指标

岩土层名称	天然密度 P/(g/cm³)	黏聚力 c/kPa	内摩擦角 φ/(°)	渗透系数 K/(m/d)
1-1 杂填土	1.70	0	12.0	8
2-1 黄土状土	1.67	19.5	27.1	5
2-10 卵石	2.18	0	40.0	60
3-11 卵石	2.28	30.0	43.0	55

在基坑内针对 2-10 和 3-11 卵石层开展大型剪切试验，在兰州地区尚属首次，其意义在于使工程技术人员对兰州卵石地层的真实物理力学性质有新的认识。按照以往工程经验，勘察单位建议的卵石地层的黏聚力值一般为 0，偶有工程选用的黏聚力值大于 0，但一般不会超过 10kPa。通过本次试验，证明了兰州 3-11 卵石层具有黏聚力，且数值较高，也为工程技术人员合理选择卵石层的抗剪强度参数提供了依据。

结合近年来兰州地区部分基坑工程的设计经验，单从基坑支护角度来看，沿用兰州地区深大复杂基坑常用的桩锚支护型式，可满足 SJDD 车站基坑支护要求。但是，考虑 SJDD 车站地质条件和工期等特点，且由于地铁基坑为长条形，周边建筑物、管线在基坑影响范围内，与锚杆或锚索相比，钢支撑具有不占用基坑外地下空间、可重复利用、对控制基坑变形有利等优点，因此，围护结构优先采用钻孔灌注桩加钢管内支撑作为支撑系统。

通过工程类比和结构计算，SJDD 车站主体围护结构采用 ϕ800@1400 钻孔灌注桩，桩长为 22.34m，嵌固深度为 5.0m。车站两端盾构始发井始发掘进宽度范围内基坑围护采用 ϕ1500@1800 钻孔灌注桩，附属结构的围护结构采用 ϕ600@1200 钻孔灌注桩。桩间采用 ϕ6@150×150 钢筋网片、C20 喷射 100mm 厚混凝土保护层。基坑竖向布置 3 道 ϕ609、$t=16$mm 钢管支撑，水平间距为 3m，局部区域水平间距为 2~8m。桩顶设 800mm×800mm 冠梁，第一道支撑撑在冠梁上，其余撑在钢围檩上，钢围檩均采用 2 根 I45b 组合型钢。

SJDD 车站基坑在施工过程中，分别对钻孔灌注桩顶水平位移、桩体倾斜、钢支撑轴力、基坑周边地表沉降等进行了监控测量。车站基坑深度为 17.34~18.50m，变形控制保护等级达到一级。

3.4 砂卵砾石层渗透特性与涌水量估计

3.4.1 砂卵砾石层抽水试验成果

1. 抽水试验成果

在兰州某轨道交通工程勘察过程中，勘察单位在砂卵砾石层不同地貌单元进行了抽水试验。根据现场抽水试验，绘制了抽水井的 S-t 关系曲线，q-S 关系曲线、Q-S 时间关系曲线（图 3.4-1～图 3.4-12），根据野外抽水试验观测记录，整理抽水试验成果统计表见表 3.4-1。

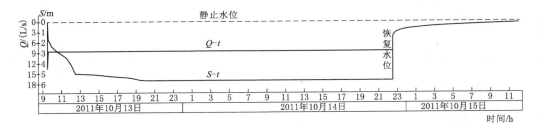

图 3.4-1　CGY 车站抽水试验大落程曲线图

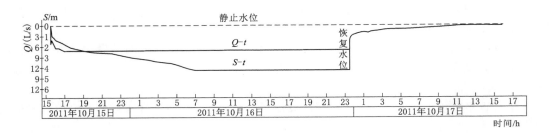

图 3.4-2　CGY 车站抽水试验中落程曲线图

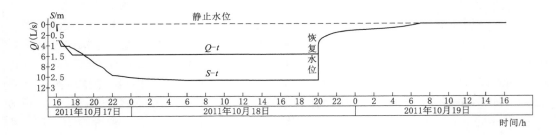

图 3.4-3　CGY 车站抽水试验小落程曲线图

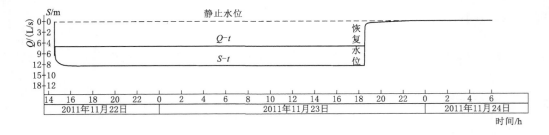

图 3.4-4　ATZX 车站抽水试验大落程曲线图

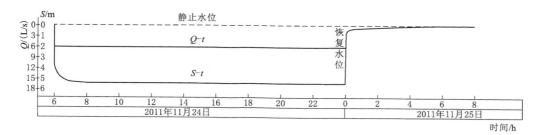

图 3.4-5 ATZX 车站抽水试验中落程曲线图

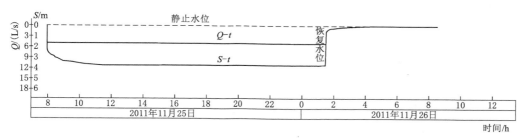

图 3.4-6 ATZX 车站抽水试验小落程曲线图

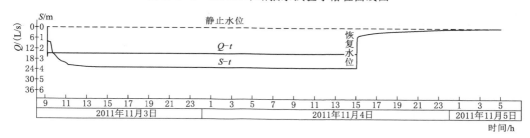

图 3.4-7 SJDD 车站抽水试验大落程曲线图

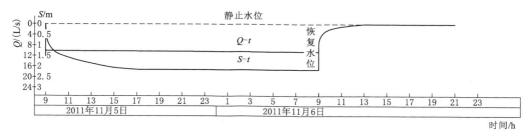

图 3.4-8 SJDD 车站抽水试验中落程曲线图

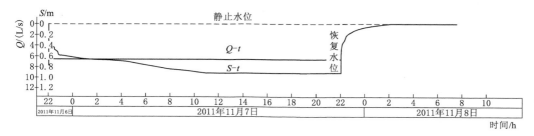

图 3.4-9 SJDD 车站抽水试验小落程曲线图

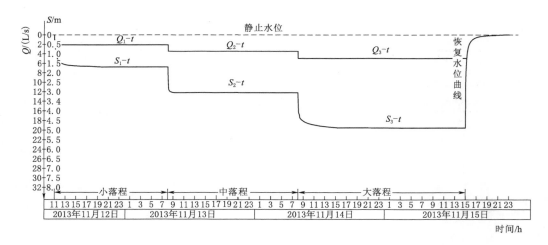

图 3.4-10　ATZX～SJDD 区间抽水试验 2-10 卵石层大中小落程曲线图

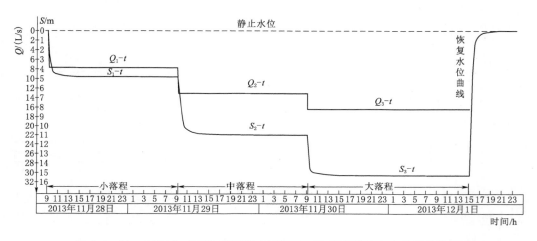

图 3.4-11　ATZX～SJDD 区间抽水试验 3-11 卵石层大中小落程曲线图

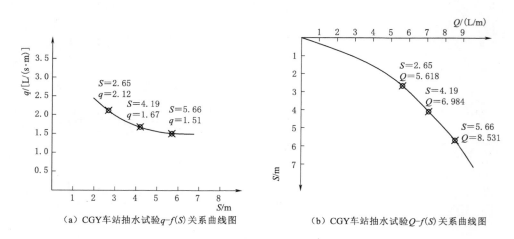

（a）CGY 车站抽水试验 $q-f(S)$ 关系曲线图　　　　（b）CGY 车站抽水试验 $Q-f(S)$ 关系曲线图

图 3.4-12（一）　抽水试验 q-S、Q-S 关系曲线图

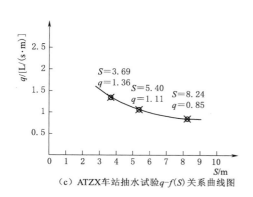

（c）ATZX车站抽水试验q–f(S)关系曲线图

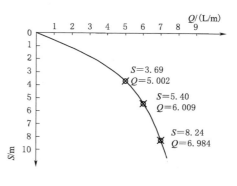

（d）ATZX车站抽水试验Q–f(S)关系曲线图

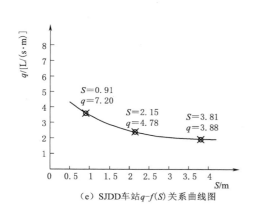

（e）SJDD车站q–f(S)关系曲线图

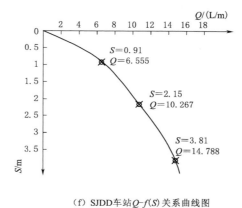

（f）SJDD车站Q–f(S)关系曲线图

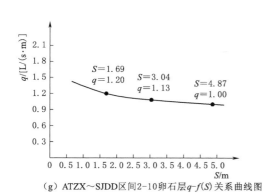

（g）ATZX～SJDD区间2-10卵石层q–f(S)关系曲线图

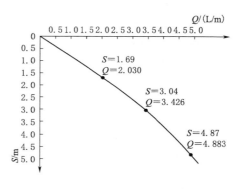

（h）ATZX～SJDD区间2-10卵石层Q–f(S)关系曲线图

图 3.4-12（二）　抽水试验 q-S、Q-S 关系曲线图

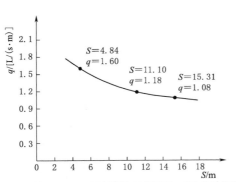
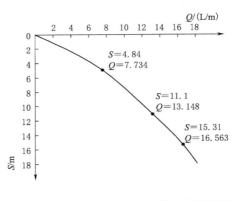

（i）ATZX～SJDD区间3-11卵石层q-f(S)关系曲线图　　　（j）ATZX～SJDD区间3-11卵石层Q-S关系曲线图

图 3.4-12（三）　抽水试验 q-S、Q-S 关系曲线图

表 3.4-1　　　　　某轨道交通工程卵石层抽水试验成果统计表

试验	含水层厚度/m	静止水位/m	抽水落程	主井降深/m	流　量	
					L/s	m³/d
CGY车站抽水试验	5.66	6.84	大	5.66	8.531	737.078
		7.01	中	4.19	6.984	603.418
		7.01	小	2.65	5.618	485.395
ATZX车站抽水试验	8.24	4.46	大	8.24	6.984	603.42
		4.59	中	5.32	6.009	519.18
		4.59	小	3.61	5.002	432.17
SJDD车站抽水试验	3.81	14.61	大	3.81	14.788	1277.68
		14.61	中	2.15	10.267	887.07
		14.61	小	0.91	6.555	566.35
ATZX～SJDD区间分层抽水	4.87（2-10卵石层）	10.23	大	4.87	4.883	421.89
		10.23	中	3.04	3.426	296.01
		10.23	小	1.69	2.030	175.39
	15.31（3-11卵石层）	10.23	大	15.31	16.563	1431.04
		10.23	中	11.10	13.148	1135.99
		10.23	小	4.84	7.734	668.22

2. 水文地质参数计算

（1）抽水试验水文地质参数计算。根据卵石地层含水层特征，采用潜水非完整井稳定流抽水试验观测孔的资料，按照《抽水试验规程》《砂砾石地层原位试验技术规程》计算渗透系数和影响半径，计算公式如下：

$$K = \frac{0.366Q}{(2S - S_1 - S_2 + L)(S_1 - S_2)}\lg\frac{r_2}{r_1} \qquad (3.4-1)$$

式中　K——渗透系数，m/d；

　　　Q——抽水井涌水量，m³/d；

S——抽水井水位下降值，m；

L——过滤器长度，m；

r_1、r_2——代表1号、2号观测孔至抽水井的距离；m；

S_1、S_2——代表1号、2号观测孔水位下降值，m。

$$\lg R = \frac{S_1(2H-S_1)\lg r_2 - S_2(2H-S_2)\lg r_1}{(S_1-S_2)(H-S_1-S_2)} \qquad (3.4-2)$$

式中　H——潜水含水层高度，m；

　　　R——影响半径，m；

其他参数意义同前。

依据现场抽水试验结果，利用公式（3.4-1）和公式（3.4-2）计算出含水层渗透系数及不同落程含水层影响半径，结果见表3.4-2。

表3.4-2　　　　　　　　　　　水文地质参数计算结果统计表

试验位置	落程	降水量/(m³/h)	渗透系数 $\overline{K}$/(m/d)	影响半径 $\overline{R}$/m
CGY 车站抽水试验	大	30.712	64.83	243.68
	中	25.142	77.56	214.57
	小	20.225	78.18	202.92
ATZX 车站抽水试验	大	25.142	55.06	211.68
	中	21.632	56.15	205.83
	小	18.007	57.17	203.42
SJDD 车站抽水试验	大	53.237	55.15	226.23
	中	36.961	57.18	220.26
	小	23.598	63.03	208.20
ATZX～SJDD 区间分层抽水（Q_4 卵石层）	大	17.579	50.10	199
	中	12.334	51.12	182
	小	7.308	53.89	172
ATZX～SJDD 区间分层抽水（Q_1 卵石层）	大	59.627	30.75	214
	中	47.333	34.45	191
	小	27.842	38.99	181

（2）地下水流速、流向的测定。地下水流向的测定采用三角形法，结合附近已完成的勘察钻孔，测定其静止水位值，采用作图法确定地下水的流向（图3.4-13～图3.4-15）。地下水流速的测定采用电导仪测定地下水电导率的方法进行。根据地下水的流向，在上游的投剂孔注入一定浓度的NaCl溶液，在下游的观测孔内按照不同的时间间隔进行电导率值观测，根据电导率的波峰及波角，求出地下水的最大流速和平均流速。图3.4-16～图3.4-19为现场各抽水试验流

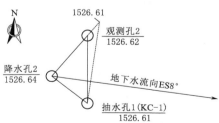

图 3.4-13　CGY 车站抽水试验
流向分析图（单位：m）

速图，表 3.4-3 为最大流速及平均流速计算结果。

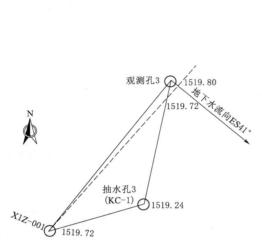

图 3.4-14 SJDD 车站抽水试验流向分析图
（单位：m）

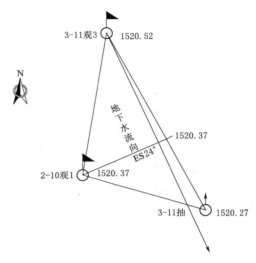

图 3.4-15 ATZX～SJDD 区间抽水试验流向
分析图（单位：m）

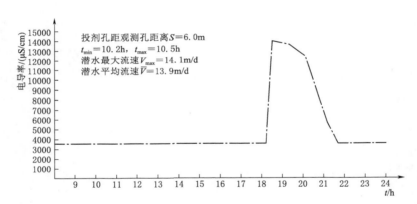

图 3.4-16 CGY 车站抽水试验流速图

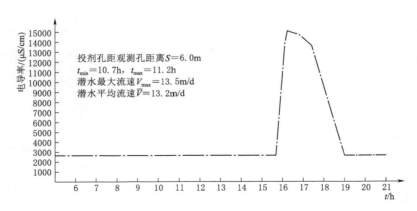

图 3.4-17 ATZX 车站抽水试验流速图

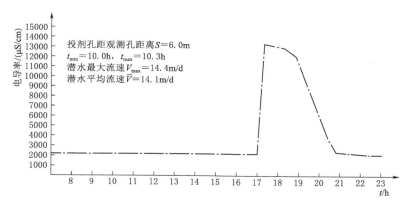

图 3.4-18　SJDD 车站抽水试验流速图

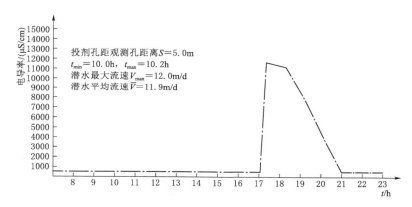

图 3.4-19　ATZX～SJDD 区间抽水试验流速图

表 3.4-3　　　　　兰州城市轨道交通各工点卵石层潜水地下水流速计算成果表

位　　置	投剂孔距观测孔的距离 /m	t_{min} /h	t_{max} /h	V_{max} /(m/d)	$\overline{V}$ /(m/d)
CGY 车站抽水试验	6.0	10.2	10.5	14.1	13.9
ATZX 车站抽水试验	6.0	10.7	11.2	13.5	13.2
SJDD 车站抽水试验	6.0	10.0	10.3	14.4	14.1
ATZX～SJDD 区间分层抽水	5.0	10.0	10.2	12.0	11.9

3.4.2　卵石地层涌水量估算

1. 轨道工程穿越卵石地层时基坑涌水量估算

目前，基坑、隧道涌水量的预测方法较多，有公式法、数值模拟方法等。公式法已有一套较完整的理论体系，而采用数值模拟方法预测基坑涌水量并不成熟。因此在各个工程建设中涉及涌水量计算的内容一般均采用公式法进行预测。

兰州某轨道交通工程多个工点的施工均涉及卵石地层降水工程，结合前述抽水试验成果，选择 ATZX～SJDD 区间穿黄段大型风井进行基坑涌水量估算。

ATZX～SJDD 区间穿黄段中心里程 YCK10＋900.000 处竖井长 30m，宽 16m，深 42m，矩形基坑，为 1 号线全线最深基坑，位于黄河东侧距离黄河约 22m，地下水位于地表以下 9.65m、高程 1522.35m 处，竖井基坑坑底高程为 1489.538m。降水至基底下 2m，降深达 34.4m，具体估算结果见表 3.4－4。

表 3.4－4　　　　　　　　　ATZX～SJDD 区间竖井基坑涌水量估算表

估算方法	影响半径 /m	基坑长 /m	基坑宽 /m	基坑降水 /m	含水层厚 /m	渗透系数 /(m/d)	涌水量 /(m³/d)
公式（4.3.3－7）	200	30.0	16.0	34.4	60	62	51983.66
	3426.2	30.0	16.0	34.4	60	62	40504.14
公式（4.3.3－8）	200（3426.2）	30.0	16.0	34.4	60	60	105453.79

2. 轨道工程穿越黄河隧道涌水量估算

ATZX～SJDD 区间隧道主体结构底板埋深为 16.56～42.00m，单洞直径为 6m，地下水位高于隧道顶板高程，洞身主要穿过 3－11 卵石层，隧道起点和终点段洞身局部穿过 2－10 卵石层，拟采用盾构法进行施工，施工过程中存在隧道涌水问题。据水文地质条件，采用达西定律对隧道掌子面 10m 范围内涌水量进行分段预测，计算过程中考虑 2.0m 的地下水位年变化幅度，计算结果见表 3.4－5。

表 3.4－5　　　　　　　　　隧道单位涌水量估算表（单线隧道）

分段里程	隧洞长 /m	H /m	K /(m/d)	I	A /m²	Q /(m³/d)
YCK9＋908.088～ YCK10＋368.538	460.450	21.04	62	0.46	30.19	855.30
YCK10＋368.538～ YCK10＋900.00	531.462	29.36	62	0.55	30.19	1034.04
YCK10＋900.00～ YCK11＋500.00	600.000	25.54	62	0.43	30.19	796.75
YCK11＋500.00～ YCK12＋128.097	528.097	17.95	62	0.34	30.19	636.22

注　表中水力坡降为盾构掌子面 10m 范围内水力坡降。

某轨道交通工程穿黄隧道于 2016 年 5 月顺利建成，根据施工过程对隧道涌水量的监测成果对比分析，表明采用达西定律进行盾构掌子面 10m 范围内的涌水量估算是合理的，计算结果也较为贴近实际情况。

某轨道交通 SJDD 车站距黄河北岸约 600m，为地下 2 层双柱三跨的岛式车站。主体长约 300m，标准段宽约 22.0m，总高为 13.7m，车站底板埋置深为 17.2～18.7m，结构顶板覆土深度约 2.8～3.5m。车站两端区间均采用盾构施工。

车站基坑下部地层为典型的富水砂卵砾石层，为强透水层，地下水补给丰富，基坑涌水量较大，工程降水难度非常大，且降排水措施对施工影响大。基坑所在主要土层有：杂填土，黄土状粉土，Q_4 卵石，基底位于 Q_1 卵石层（图 3.4－20）。本站场区范围内地下水位埋深为 12.0～14.4m，地下水主要赋存于 Q_4 和 Q_1 卵石层中，渗透性较大（约 60m/d）。

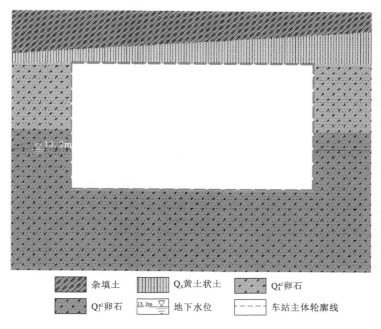

图 3.4-20　SJDD 车站地质纵断面图

　　车站基坑为条状基坑，尺寸约为 300.0m（长）×22.0m（宽）。通过抽水试验查清了车站附近的水文地质特征：地下水类型为孔隙型潜水，含水层主要为砂卵砾石层；大落程渗透系数为 55.15m/d，影响半径为 226.23m；中落程渗透系数为 57.18m/d，影响半径为 220.26m；小落程渗透系数为 63.03m/d，影响半径为 208.20m；地下水流向为 ES41°；地下水流速为 14.1m/d。

　　目前，国内地铁基坑地下水处理措施一般有两种方案：一种是在基坑周边设置止水帷幕，结合基坑内降水；另一种是基坑外降水。根据抽水试验结果，车站砂卵砾石层通过降水可较好地达到预期施工目标。考虑到基坑外降水施工简便，根据本地区广泛应用的经验，车站基坑确定采用基坑外管井降水方案。具体方案如下：

　　（1）计算参数确定。依据场地工程地质和水文地质条件，并结合场地基础开挖实际情况，设计计算参数如下：

　　1）地下水为阶地孔隙型潜水，含水层厚度 $H_0=19.0$m。

　　2）基坑为条状，长 $L'=300.0$m，宽 $B=22.0$m。

　　3）水位降深 $S=7.5$m。

　　4）含水层渗透系数 $K=55$m/d。

　　（2）降水井计算。

　　1）基坑涌水量 Q。采用条形基坑出水量潜水计算公式估算基坑涌水量 Q：

$$Q = \frac{L'K(2H_0 - S')S}{K} + \frac{1.366K(2H_0 - S')S}{\lg R - \lg \dfrac{B}{2}} = 18237.92 \text{m}^3/\text{d} \qquad (3.4-3)$$

式中　R——降水影响半径，m，$R = 2S\sqrt{KH_0} = 484.8$m；将涌水量计算公式中的含水层厚度 H 换算成 H_0，$H_0 = \eta(S' + L) = 19.0$m，其中 S' 为降水井降水深度，m；

　　　L——降水过滤器有效长度，m；

　　　η——与水位降深和有效过滤器长度有关的系数，查表得出 $\eta = 1.9$。

2）单井涌水量 q

$$q = 120\pi r_s L^3 \sqrt{K} = 229.1 \text{m}^3/\text{d} \qquad (3.4-4)$$

3）井点数量 n

$$n = 1.1Q/q = 88（取整） \qquad (3.4-5)$$

基坑降水是引起地表及周边建筑物沉降变形的主要因素之一。车站基坑周围建筑物密集，地下管线密布，施工场地狭小，坑周的地面沉降将严重影响周边建筑物和地下市政管线的安全。

考虑土的成层性，运用分层总和法，根据土有效应力增量计算管井降水导致的沉降量。取第 i 层土的土层微单元，第 i 层土的沉降计算公式如下：

$$L = \zeta \sum_{i=1}^{n} \frac{\Delta P \times H_i}{E_i} \qquad (3.4-6)$$

式中　L——最终沉降量，mm；

　　　ζ——土层压缩变形量计算经验系数；

　　　ΔP——土层的附加应力，kPa；

　　　H_i——第 i 层土的厚度，mm；

　　　E_i——第 i 层土的压缩模量，kPa。

由此计算出 SJDD 站降水引起的地表沉降为 1～3mm。通过现场验证，施工降水在 SJDD 站砂卵砾石层中引起的地表最终沉降量为 2～5mm，与计算结果基本一致。可见，SJDD 车站现场抽水试验结果准确，为本工程基坑降水的设计提供了可靠的水文地质资料，为基坑工程的顺利实施提供了保证。

3.5　本章小结

（1）砂卵砾石层作为典型的粗粒土，基于市政工程的砂卵砾石层物理力学性质试验应以现场试验为主，其结果更能反映土的宏观结构对土性质的影响。

（2）通过对试验基坑稳定性进行验算和对现场试验基坑开挖支护试验结果进行分析，得出以下结论：内撑式倒挂壁法施工可以有效减少对工程赋存环境的不利影响，其结构体本身作为围护结构的支撑体系，刚度较高，可显著减少围护结构及周边环境的变形。内撑式倒挂壁法可以保证深基坑稳定，满足基坑内岩土施工作业安全要求，适用于市政工程临时深基坑的开挖。

（3）基于卵石层中盾构施工，砂卵砾石层的颗分试验应遵循以下原则：在勘察过程中，应在现场进行大型原位全颗粒分析试验，试验场地应沿盾构区间线路及相邻车站，可采取利用既有建筑基坑和为轨道交通大型原位试验特别开挖基坑相结合的策略，布置若干组（6组以上）筛分试验。针对性地对不同深度内的漂石含量进行统计，对漂石水平向和垂直向分布进行统计分析，统计项目包括漂石长短边长度、最大粒径、岩性等。根据漂石的深度分布变化，对比隧道埋深范围内漂石出现概率。

（4）对不同深度分布的卵石土进行了原位剪切试验，研究结论如下：随着深度增加，土体的孔隙减少，密实度增加，卵石土发生屈服破坏时，可发生的剪切位移逐渐减少。因此，随着深度增加，卵石土更易发生塑性变形破坏。泥质微胶结卵石土剪切破坏后，其残余抗剪强度没有明显衰弱，应力-应变曲线属于应变硬化型。卵石土由于颗粒大小相差悬殊，在抗剪切强度参数中咬合力在卵石土松散和密实两个情况下对表观黏聚力影响较大。卵石土的颗粒级配情况对剪切面力学性质起控制作用。粗颗粒对卵石土强度控制的阈值约为 30％和 70％。

（5）砂卵砾石层的垂直方向 $K30$ 一般大于水平方向，基床系数的数值与试验深度密切相关。其大小受土体的性质、作用时间、地下水及实验条件的制约。

（6）试验场地内利用旁压试验结果计算的地基承载力特征值与其他测试方式得出的地基土承载力特征值基本一致；旁压试验计算得出的卵石土变形模量是重型动力触探试验计算查表得出的结果的 3～5 倍，明显偏大。计算得出的水平基床系数与现场 $K30$ 试验以及经验查表法相比明显偏大，而且离散性很大。

第 4 章　砂卵砾石层渗透变形破坏规律 及数值分析计算研究

对于修建在砂卵砾石层中的工程，无论是地上工程还是地下工程，工程建设过程中遇到的主要工程地质问题都是水体的隔离与控制。能否在勘察阶段查清河流卵石地层的水文地质条件、水文地质参数，在施工期、运行期如何评价水的作用是掌握河流砂卵砾石层变形破坏规律的关键，因此需要建立地下水渗透作用分析理论与方法。

4.1　砂卵砾石层渗透特性离散元数值计算方法研究

4.1.1　流体与颗粒的相互作用方式

不同工程问题中岩土体与水的流固耦合机理千差万别，许多情况没有必要采用精细且高度耦合模式去建模和求解，因地制宜地采用各种恰当的近似手段既能够捕捉到各个具体工程问题中的流固耦合运行机制，又充分减少了程序计算量及运行时间，例如将岩土体颗粒简化为 PFC（Particle Flow Code）模型中的圆形颗粒。以下为各种流体-颗粒相互作用问题的近似处理方法。

1. 静水压力

这种情况下颗粒只是简单地受重力作用，颗粒浸入水中，所受重力采用浮容重，即岩土体颗粒只受到液体静压力梯度的影响。

2. 颗粒集合稀疏分布于流体中

当颗粒在流体中独立运动，颗粒相互间距较大且颗粒只占据模型总体积的部分时，为了考虑流体作用的影响，可以在颗粒上施加黏滞力，该黏滞力为颗粒和流体间的相对运动速度、流体黏度的函数。

3. 流体稀疏分布于颗粒集合中

当流体在颗粒集合中流动，且流体体积相对于颗粒体积而言很小时，流体存在于颗粒之间的缝隙中，流体会以类似于半月板的形状依附于颗粒上，并在颗粒表面产生张力。这种张力可通过专门的接触法则来表示，包括黏滞分量和内聚分量，其中后者强烈依赖于接触处颗粒的相对分离程度及流体体积。如果有两种流体相，则需要综合考虑第 1 条和第 3 条。

4. 低水力梯度下的饱和颗粒集合

这种流固耦合类型的实现方式称为"粗糙单元网格法"。在饱和介质中，当水压梯度的波动幅度与颗粒平均半径相比很小时，采用颗粒的平均孔隙度及渗透系数进行连续介质内的流体流动计算。根据得到的压力梯度计算流体对于颗粒的作用力，将网格平均渗透系数赋予连续流动方程，再算得流体平均流速矢量和颗粒体力。采用此种弱耦合法可获取土壤表面侵蚀、隧道突水及管涌的相关机理。

5. 高水力梯度的饱和黏性颗粒集合

对于大压力梯度情况，考虑圆形（或球形）颗粒之间孔隙的"虚"与"实"，两种情况下都假设颗粒集模型是相对连贯的（即连接几何体只会缓慢演化），可以将该问题分成两种情况讨论。

（1）流体在虚拟裂缝中流动。如果岩土材料孔隙度较低（对应在 PFC 模型中圆形颗粒之间的接触间隙微小甚至为零，即不足以产生真实流体流动），假定每个颗粒接触处存在流体流动的细观通道（即管道），流体流动网络由这些管道组成。管道的初始孔径由材料宏观渗透系数决定，若颗粒间不存在黏结模型，其孔径的变化与颗粒间的法向相对位移成正比。若颗粒间存在初始黏结，则在黏结破坏前管道孔径保持不变，黏结断开后，上述孔径与法向位移的关系才开始生效。既然有流体流动的"管道"，当然也有储存流体的"水库"，水库的体积与周围管道的尺寸相关，库中流体压力随每一计算步进行更新，并且每步计算都将该压力作为等效体力施加到环绕水库的颗粒上。在 PFC 代码中，这种流固耦合类型的实现方式称为"虚拟域法"。

（2）流体在颗粒间的真实孔隙中流动。对于诸如多孔砂岩等孔隙度较高的材料，可以将 PFC 颗粒间隙看作真实流体通道，仍然使用类型 5a 中的"管道"与"水库"结构，但这时难以直接确定各管道的渗透系数。需要先假定管道渗透系数，通过对由众多管道组成的 PFC 岩样进行宏观渗透性能模拟测试，调整管道渗透系数直至与真实岩样的宏观渗透性能匹配，且管道的细观渗透系数应该是岩样应变的函数。类型 5 中的"管道/水库"流动网络能够实现诸如达西流、流体与固相物质作用力耦合产生水力劈裂等较复杂的流固耦合机制。

6. 高水力梯度、大变形

如果固体材料断裂且不再保持连续结构，或者孔隙几何形态发生剧烈变化，诸如泥石流、岩浆侵入等情况，以上所描述的方案就会失效。在这种情况下，可以将流体用尺寸更小的颗粒表示，但这会增加程序的运算时间。

4.1.2 砂卵砾石层渗透方程

颗粒的运动方程通过标准的方程给出，且通过附加力考虑颗粒与流体的相互作用：

$$\frac{\partial \vec{u}}{\partial t} = \frac{\vec{f}_{mech} + \vec{f}_{fluid}}{m} + \vec{g} \qquad (4.1-1)$$

$$\frac{\partial \vec{\omega}}{\partial t} = \frac{\vec{M}}{I} \qquad (4.1-2)$$

式中 $\vec{u}$——颗粒的速度，m/s；

m——颗粒质量，g；

$\vec{f}_{fluid}$——流体施加在颗粒上的总作用力，kPa；

$\vec{f}_{mech}$——作用在颗粒上的外力（包括施加的外力和接触力）之和，kPa；

$\vec{g}$——重力加速度，m/s^2；

$\vec{\omega}$——颗粒旋转角速度，(°)；

I——惯性矩，N·cm；

$\vec{M}$——作用在颗粒上的力矩，N·cm。

流体施加到颗粒上的作用力（流体–颗粒相互作用力）由两部分组成：拖曳力和流体压力梯度力。

流体作用于颗粒上的拖拽力 $\vec{f}_{drag}$ 被定义为：

$$\vec{f}_{drag} = \vec{f}_0 \varepsilon^{-\chi} \tag{4.1-3}$$

式中　$\vec{f}_0$——单个颗粒所受的拖曳力，kPa；

$\qquad$ $\vec{f}_{drag}$——作用于颗粒上的拖曳力，kPa；

$\qquad$ ε——颗粒所在流体单元的孔隙度；

$\qquad$ χ——经验系数。

孔隙度通过用一个长、宽、高的等于颗粒直径的立方体颗粒来表征，通过计算和调整该立方体与流体单元重叠的体积来保持颗粒体积守恒，这样当一个颗粒从一个流体单元运动到另一个流体单元的时候，孔隙度的变化是平滑的。$\varepsilon^{-\chi}$ 项是考虑局部孔隙度的经验系数。这个修正项使拖曳力同时适用于高孔隙和低孔隙度系统，流体雷诺数也可大范围取值。

单个颗粒所受拖曳力被定义为：

$$\vec{f}_0 = \left[\frac{1}{2} C_d \rho_f \pi r^2 \, | \vec{u} - \vec{v} | (\vec{u} - \vec{v}) \right] \tag{4.1-4}$$

式中　C_d——拖拽力系数；

$\qquad$ ρ_f——流体密度，g/cm^3；

$\qquad$ r——颗粒半径，cm；

$\qquad$ $\vec{v}$——流体速度，m/s；

$\qquad$ $\vec{u}$——颗粒速度，m/s。

拖曳力系数被定义为：

$$C_d = \left(0.63 + \frac{4.8}{\sqrt{Re_p}} \right)^2 \tag{4.1-5}$$

式中　Re_p——颗粒的雷诺数。

$$Re_p = \frac{2\rho_f r \, | \vec{u} - \vec{v} |}{\mu_f} \tag{4.1-6}$$

式中　μ_f——流体的动力黏滞系数。

施加在流体单位体积上的力为：

$$\vec{f}_b = \frac{\sum \vec{f}_{drag}^j}{V_i} \tag{4.1-7}$$

式中　V——流体单元体积；分子上求和对象为与流体单元重叠的颗粒。

$$\vec{f}_{fluid} = \vec{f}_{drag} + \frac{4}{3} \pi r^3 (\nabla p - \rho_f \vec{g}) \tag{4.1-8}$$

式中　$\vec{f}_{fluid}$——流体施加在颗粒上的总作用力，kPa；

$\qquad$ $\vec{g}$——重力加速度，m/s^2；

$\qquad$ p——流体压力，kPa。

4.1.3　水力耦合实现方法

流体网格划分时应该足够精细并满足：

$$\frac{d_c}{\Delta x_{cfd}} > 5 \tag{4.1-9}$$

式中　d_c——流域最小宽度，cm；

　　Δx_{cfd}——流体单元长度，cm。

耦合的时间间隔应该小到足以实现预期的耦合行为，颗粒在穿越单个流体单元的过程中，耦合信息应该至少被交换的次数为：

$$\frac{\Delta x_{cfd}}{|\vec{u}|t_c} > 3 \tag{4.1-10}$$

式中　t_c——耦合时间间隔，s。

当 CFD 模块激活时，流体-颗粒相互作用力 $\vec{f}^{\,j}_{fluid}$ 在 PFC 求解步序列中被施加到 PFC 颗粒上。在循环计算过程中，流体-颗粒相互作用力 $\vec{f}^{\,j}_{fluid}$ 和每个流体单元的孔隙度 ε^i，依据给定的时间间隔不断计算。上标 i 指的是流体单元，而上标 j 指的是颗粒。

流体-力学双向耦合是通过流体求解器和 PFC3D 之间进行一系列数据交换实现的。每个流体单元的孔隙度 ε^i 取决于 PFC3D。每个流体单元中单位体积的体力 $\vec{f}_b$ 由 PFC3D 中的拖曳力决定：

$$\vec{f}_b = \frac{\sum \vec{f}^{\,j}_{drag}}{V_i} \tag{4.1-11}$$

式中　V_i——给定流体单元的体积，cm^3；

　　$\sum \vec{f}^{\,j}_{drag}$——给定流体单元中的所有颗粒的拖曳力之和。

与流体求解器交换信息同步和数据交换通过 Fish 语言和 Python 编译器通信实现。求解流体-颗粒交互问题，通过图 4.1-1 中步骤实现。

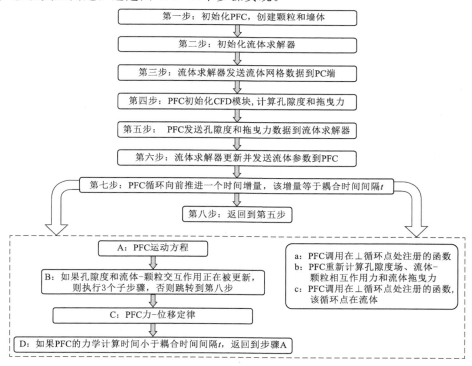

图 4.1-1　水力耦合实现方法流程图

颗粒相互作用力计算完成之后，在该力被加入到球（Ball）或颗粒簇（Clumps）的不平衡力中之前执行，这使得流体-颗粒的相互作用可以通过 Fish 或 Python 脚本改变。

4.2 基于达西定律的砂卵砾石颗粒迁移规律研究

4.2.1 砂卵砾石层达西定律离散元实现

利用颗粒流 PFC＋CFD 流体模块可以计算三维条件下的多孔介质流动，多孔介质中的低雷诺数流动通常可以通过达西定律描述：

$$\vec{v} = \frac{\boldsymbol{K}}{\mu\varepsilon}\vec{\nabla}p \tag{4.2-1}$$

式中 $\vec{v}$——流体的流动速度，cm/s；

$\boldsymbol{K}$——渗透矩阵，N·cm；

μ——流体黏度；

ε——孔隙度矩阵，N·cm；

p——流体压力，kPa。

通常假定流体的压缩性很小，可以忽略不计，即认为流体不可压缩：

$$\vec{\nabla}\cdot v = 0 \tag{4.2-2}$$

该假设在流速小于声速，或系统从高压转换到低压状态体积变化很小的情况下是合适的。稳态不可压缩渗流方程可以通过对方程（4.2-1）两边同时取散度导出：

$$\vec{\nabla}\cdot v = \vec{\nabla}\cdot\left(\frac{K}{\mu\varepsilon}\vec{\nabla}p\right) \tag{4.2-3}$$

将公式（4.2-3）代入公式（4.2-2），得：

$$\vec{\nabla}\cdot\left(\frac{K}{\mu\varepsilon}\vec{\nabla}p\right) = 0 \tag{4.2-4}$$

公式（4.2-4）即为泊松方程，它有如下边界条件：入口处有 $\vec{\nabla}p = -\vec{v}_{in}\dfrac{K}{\mu\varepsilon}$，其中，$\vec{v}_{in}$ 为入口速度；出口处有 $p=0$；其他边界上有 $\vec{v}\cdot\vec{n}=0$，其中，$\vec{n}$ 为边界法向。这个方程通过隐式求解可以很容易得出流体的压力场。求解方案基于稳态流，即流入量与流出量相等，一旦压力已知，流体速度可以由公式（4.2-1）直接获得。

流体方程是在粗流体网格单元集上求解，流速在单元内呈分段线性关系。通过计算 PFC3D 颗粒与流体单元之间的重叠量确定孔隙度。考虑流体流动受颗粒运动的影响，渗透系数由 PFC3D 模型的孔隙度计算。Kozeny-Carman 关系可用于估算渗透系数：

$$K(\varepsilon) = \begin{cases} \dfrac{1}{180}\dfrac{\varepsilon^3}{(1-\varepsilon)^2}(2r_e)^2 & \varepsilon \leqslant 0.7 \\ K(0.7) & \varepsilon > 0.7 \end{cases} \tag{4.2-5}$$

式中 r_e——PFC 颗粒半径，cm；

ε——孔隙度。

为了计算渗透系数，孔隙度上限设置为 0.7；当孔隙度超过 0.7 时，渗透系数取常数

（渗透系数取孔隙率为 0.7 时的值）。

对于三维颗粒离散元数值计算模型颗粒尺寸的大小，如果按照真实砂卵砾石混合体颗粒粒径级配生成模型，以目前的计算机计算能力很难得到计算结果，因此根据宏细观颗粒尺寸量级对应关系得到大尺度模型对应的颗粒尺寸范围。因离散元计算中的时间步长与颗粒半径成正相关，若参考实际土体颗粒粒径取颗粒直径，则将因颗粒质量过小导致计算效率低，故需要将颗粒粒径按一定比例放大。模拟中所采用的球体颗粒相比于真实土体中不规则颗粒更有利于细颗粒在孔隙通道中运移。

基于初始稳定的砂卵砾石层三维颗粒离散元数值计算模型，见图 4.2-1，该模型常见于河岸、基坑边缘等，在此基础上考虑管涌现象的发展及其对砂卵砾石层的稳定性影响。研究中更加关注的是管涌的区域，而管涌截面上颗粒数量太少则会导致咬合作用明显，结果失真，而如果整体取较小的颗粒，则计算平台条件不允许。此外如果从细颗粒逐渐启动流失到管涌逐渐形成开始模拟，则需要模拟的时间过长而难以接受。故考虑在管涌区域内，假定管涌现象已经具有一定的初始渗透流速，取粒径曲线 0.4～0.8mm 之间的粒径，并将其半径放大 100 倍。在非管涌区域内使用 0.12～0.24m 的颗粒，颗粒粒径均匀分布。整体模型长 52m，高 14.2m，土体的孔隙度为 0.36。

由于在颗粒离散元体系中考虑到了粒径放大，因此会导致由流体计算方程得出的颗粒受力发生一定的变化。不同粒径的颗粒，在流体密度为 $1000kg/m^3$、流速为 0.05m/s、黏滞力系数为 0.001、孔隙度为 0.4 时，由公式（4.2-3）得出的渗透拖曳力曲线见图 4.2-2。由图可见，随着颗粒半径的增大，拖曳力的增长并不是线性的，其表现出幂函数的关系。然而颗粒重力和浮托力的增长，是与半径的三次方呈线性关系，这会导致在颗粒放大之后需要更大的流速和水梯度才能使土体运动。

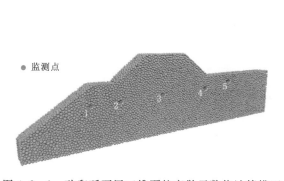

● 监测点

图 4.2-1 砂卵砾石层三维颗粒离散元数值计算模型

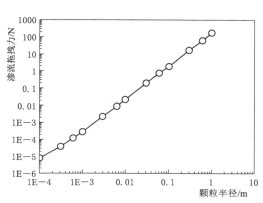

图 4.2-2 不同半径下渗透水流拖曳力

根据双粒径组模型理论，细颗粒在受到重力的作用下垂向启动的渗透水流速度，为渗透拖曳力与浮重力相平衡这一理想情况。通过计算可以得到（图 4.2-3），不同颗粒半径下颗粒启动的渗透水流速度是不一致的，表现出非线性关系。故在考虑了粒径放大时，需要对渗透水流速度进行一定的修正放大，否则颗粒无法启动，这与真实情况不符。通过单个颗粒受到的流体作用力可以看到，单元孔隙度越低，单元内颗粒体积越大，则流体对颗粒施加的阻力越大，从而引起的水头损失也越大，而在分析了颗粒级配关系后会发现，相同体积单元内颗粒总体积越大，说明该单元内的小颗粒充填较密实，自然单元内的表面积较大，也即比表面积较大。

　　基于体积平均的粗网格方法来建立颗粒流体相互作用模型，使用 Gmsh 软件建立非均匀六面体网格，网格需要稍大于颗粒，共生成 3612 个网格（图 4.2-4），并将其导入 Python 中，通过基于有限体积法的偏微分方程求解器 Fipy 识别网格和参数，并建立边界条件、初始条件，生成求解方程。通过 CFD 模块为 PFC 颗粒施加流体-颗粒相互作用力，双向耦合通过在流体流动模型中更新孔隙度和渗透系数，可在 PFC 的 CFD 模块中更新流体速度场来实现。模型中设定每隔 100 个力学计算步计算一次流场，在这 100 个力学计算时步中，流场视为恒定。

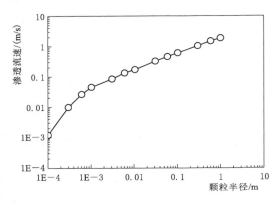

图 4.2-3　不同半径下颗粒启动的渗透流速

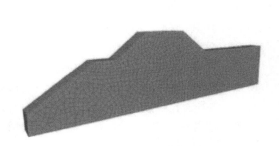

图 4.2-4　计算模型网格划分

4.2.2　计算单元中流速及孔隙度变化规律

　　由图 4.2-5 渗透流速随时间的变化曲线可知，在管涌边界上施加 20m 水头作用后，土体中产生渗流，因为土体中各流体单元孔隙度的不同引起了流场中压力及流速的不均匀，1~5 号监测点单元的流速分别为 0.087m/s、0.090m/s、0.088m/s、0.089m/s、0.082m/s。随着颗粒的流失，土体孔隙度增加的同时，各个测点的渗透性也在不断地增强，因此各点的渗透流速都随着管涌的发展呈现出增加的趋势，当模拟至 2.0s 时，各个测点的流速涨幅分别为 46%、56%、47%、48%、51%。管涌发展的趋势不断扩大，当模拟至 3.8s 时，各个测点的流速涨幅分别为 139%、159%、130%、125%、124%。不同测点的增幅不一致，这是由于土体颗粒的非均匀性，孔隙度和粒径分布均影响着流速的增加。

　　图 4.2-6 展现了土体内的孔隙度随时间的演化特征，由图可知，在管涌过程中，孔隙度的变化是由于颗粒的流失所引起的。在生成土体时，由于土体颗粒组成的随机

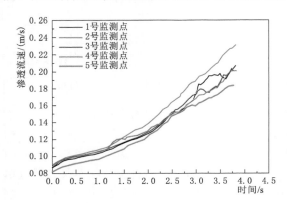

图 4.2-5　渗透流速随时间的变化曲线

性，每一个监测单元的初始孔隙度都有所差别，但基本保持在 0.36 左右。在施加上边界 20m 水头作用后，在水力梯度的作用下，模型内的颗粒在水流作用下发生启动并随流体流出土体。在管涌开始后，5 号监测点的孔隙度急剧增加至 0.44，这是因为其位于管涌出口边界，颗粒流动所需要克服的限制相对较少。不同测点的孔隙度在不同时刻出现了急剧上升的阶段，但由于受到来自后续位置流失颗粒的补充，其补充量甚至还有可能比本身的流失量要更大，故因此造成了孔隙度在管涌过程中的下降现象。而位于管涌入口附近的 1 号监测点单元，由于在细颗粒流失后，没有颗粒进行补充，而是净流失，因此造成了孔隙度从 0.34 到 0.58 的急剧上升，这意味着这一测点附近的土体已经破坏。

在不同步时下沿程孔隙度变化情况见图 4.2 - 7，在管涌入口附近的土体孔隙度随时间逐渐增加，由 0.33 增加至 0.88，这表明这部分土体甚至在冲刷作用下已经基本流失。由渗流路径 0～20m 可以看出，管涌的发展是随着时间增加的，前 20 万步时，孔隙度的变化在 0.1 左右，后 20 万步时，孔隙度的变化达到了 0.2～0.3，随着管涌的继续发展，孔隙度的变化可能更快。在 5m 处可以看出，此处的土体颗粒抗管涌能力较强，管涌初期的渗透水流不足以使此处的颗粒运动，只有当管涌逐渐发展，流速达到一定程度时，颗粒才开始启动。由渗流路径 20～38m 可以看出，此处的孔隙度随着时间变化不大，维持在 0.4～0.6 之间，越靠近管涌出口处越大。这是因为虽然此处的颗粒流失，但是因为有路径前部土体颗粒流失至此处，颗粒得到了补充。由整个渗流路径可以看出，不同长度范围内的土体的孔隙度增长幅度是不一致的，这是因为土体因为孔隙度和粒径分布的原因，存在薄弱处，此处的管涌率先发展，进而带动整体发展，形成贯通的渗流路径。

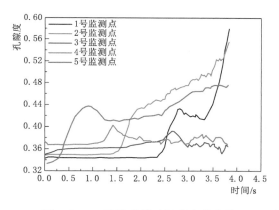

图 4.2 - 6　孔隙度随时间的变化曲线

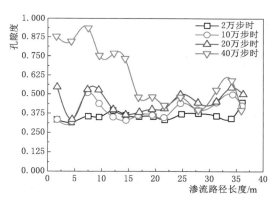

图 4.2 - 7　不同步时下孔隙度沿渗流
路径的变化曲线

4.2.3　计算单元中压力及压力梯度变化规律

由图 4.2 - 8 可以看出，在渗流初期可以看到水压力是随着渗流路径近似呈现均匀分布。管涌发生后出现了水压力的变化，靠近渗流入口处的水压上升明显，这是因为这部分土体孔隙度上升，渗透系数增加，管涌发展而水压力上升。水压力的变化率随时间增加，达到最大水压力 200kPa 左右后维持稳定。图中较好地揭示了管涌口处不能再承受压力水头作用的这一规律，随着远离渗透水流入渗口，压力水头下降，并呈现出近似直线状态，在管涌口附近逐渐减缓。

由图 4.2-9 可以看出，初始各个位置土体的水压力梯度是近似均匀的，随着时间的推移，各点水压力梯度发生了波动。可见在 2 万～20 万步时之内，0～10m 处的水压力梯度逐步下降，此时该处的土体孔隙度不断提高，渗透系数不断增大。10～25m 处压力梯度逐步提高，由图 4.2-7（孔隙度路径）可以看出，此处孔隙度下降，产生了堆积堵塞现象。计算至 40 万步时，此处的压力梯度陡然下降，随着管涌的逐渐发展，达到该处土体的临界启动速度，由图 4.2-13 管涌剖面颗粒位移云图（40 万步时）可以看出，该处土体已经运动，并在堤坝内部产生了较大的空洞。此时的堆积堵塞发生在 20～30m 处，随着管涌的进一步发展，这一部分土体也将会达到临界启动速度并流失。

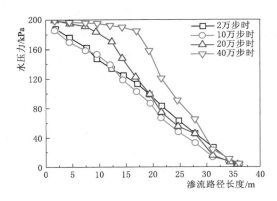

图 4.2-8 不同步时下水压力沿渗流
路径变化曲线

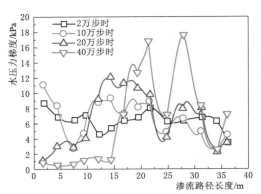

图 4.2-9 不同步时下水压力梯度沿渗流
路径变化曲线

4.2.4 管涌口颗粒流失量变化规律

模型对土体的流失量进行了测量，图 4.2-10 为模拟过程中流失量随时间的变化曲线。在管涌发生前流失量为 0，随着管涌的发生，开始有细颗粒流失，从流失量随着时间的变化曲线可以看出，流失量随着时间是增加的，并且增加的速率逐渐增大，这表明随着管涌的发展，更多的颗粒被启动。在 3s 的时候流失量已经达到了 2.5m³，在 7s 的时候流失量已经迅速增加至 9m³，巨大的流失量表明土体中可能已经产生了空洞，这对于整个砂卵砾石层安全是十分不利的。随着管涌的继续发生，流失量将会继续增大，这可能会导致砂卵砾石层发生破坏。

4.2.5 颗粒迁移云图

当模型计算至 2 万步时，颗粒迁移的位移云图见图 4.2-11。可见，并不是所有的颗粒在初始时候都会在渗流水的拖拽力下启动，而是在整个土体中存在一些薄弱环节，这是由于土体的非均匀性造成的，孔隙度低的土体渗透系数低，渗透流速也低。在管涌口附

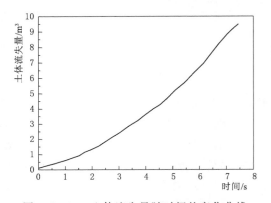

图 4.2-10 土体流失量随时间的变化曲线

近的孔隙度为 0.33 左右，而在堤坝中部的土体的孔隙度为 0.35 左右，由 Kozeny - Car-man 公式可知，其渗透系数是前者的 1.268 倍，故更有可能产生渗透破坏。因此，土体的粒径组成和分布对土体管涌启动的临界流速有十分重要的影响。

图 4.2-11　管涌剖面颗粒迁移的位移云图（2 万步时，单位：m）

当模型计算至 20 万步时，颗粒迁移的位移云图见图 4.2-12。因为渗透流速的持续上升，由之前的部分土体管涌，发展成了大面积的管涌，在管涌上下游之间，产生了一条渗流通道，通道中的土体颗粒均产生了移动，最大位移达到了 9.36cm，平均位移为 3.0cm。由图 4.2-12 还可以看到通道中有部分颗粒的位移在 0.3cm 以下，这部分颗粒的粒径较大，需要更大的渗流速度才能启动。

图 4.2-12　管涌剖面颗粒迁移的位移云图（20 万步时，单位：m）

当模型计算至 40 万步时，颗粒迁移的位移云图见图 4.2-13。此时由管涌转化成了流土现象。大量细颗粒发生运动，前面形成的管涌口规模迅速增加，试样内形成了贯穿的集中渗透通道，大量的细颗粒通过集中渗透通道被带出，通道内的颗粒群同时启动发生移动而流失。颗粒的最大位移达到 14.8cm，平均位移为 7.5cm。由图 4.2-13 还可以看出，有一部分在渗流通道外部的土体，也产生了渗流破坏，在堤坝中形成了空洞现象，这对于砂卵砾石混合土体是十分不利的，甚至可能产生破坏。

图 4.2-13　管涌剖面颗粒迁移的位移云图（40 万步时，单位：m）

4.3　砂卵砾石层降水工程数值分析研究

4.3.1　有限元渗流分析

水在土中的流动通常称为渗流，农田水利和土壤物理领域最早关注土壤的渗流问题。在岩土工程问题中，边坡（包括滑坡）稳定分析、土坝或堤坝设计等都会遇到渗流问题。渗流问题通常分为稳定流和非稳定流两种，二者的区别在于水头（渗透系数）随时间是否变化。常规分析中一般只考虑饱和流，然而，对于岩土工程中许多问题而言，有必要考虑非饱和流，例如，为了分析堤坝或土坝在上游水位升降条件下的水压力分布，就需将饱和区、非饱和区两种区域都要考虑在内。

1. 达西（Darcy）定律渗流计算

1856 年法国工程师达西通过渗透试验，提出了著名的达西定律。即通过饱和砂层的水流通量 q（单位时间通过单位面积砂层的水量）与渗透速率 v 和水力梯度成正比。达西定律表达式为：

$$q(v) = -K_s(\Delta H / L) \qquad (4.3-1)$$

式中　ΔH——渗流路径始末的总水头差，m；

$\Delta H / L$——水力梯度；

K_s——饱和渗透系数，式中负号表示水沿水头降低的方向流动。

公式（4.3-1）一般也可表示为：

$$q(v) = -K_s(\partial H / \partial x) \qquad (4.3-2)$$

一般认为，适用于饱和水流动的 Darcy 定律在很多情况下也适用于非饱和土水的流动。最早将达西定律引入非饱和土水流动的是 Richards（1931），他假定在非饱和土壤水流中，将达西定律公式中的饱和导水率换为非饱和导水率，非饱和导水率是土壤基质势 h 或土壤含水率 θ 的函数 $K(h)$ 或 $K(\theta)$。非饱和流动的 Darcy 定律可表示为：

$$q(v) = -K(h) \nabla H \qquad (4.3-3)$$

2. 土壤水分特征曲线

土壤水分特征曲线是土的体积含水率或饱和度与基质势 h（或吸力）关系曲线，有时简称土水特征曲线，见图 4.3-1。

土水特征曲线与土壤质地、结构、温度等因素有关，而且还与土壤水分变化的过程有关。土水特征曲线要通过实验来测定确定，但为了分析和利用方便，通常把实测的结果拟合为多种经验公式，最常见的经验公式有：

（1）幂函数：

$$h = a\theta^a \quad \text{或} \quad h = a(\theta / \theta_s)^b \qquad (4.3-4)$$

式中　θ、θ_s——含水率和饱和含水率，%；

a、b——拟合常数。

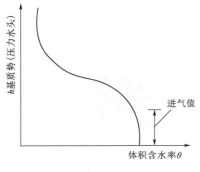

图 4.3-1　典型土水特征曲线

h——土壤基质势，cm 或 Pa。

（2）Brooks - Corey（1964）函数（BC 方程）：

$$S_e = (h_a/h)^\lambda \tag{4.3-5}$$

式中　　S_e——相对饱和度，%；

　　　　h_a——进气值时的土壤基质势，hPa；

　　　　λ——拟合常数。

（3）Huyakorn 方程：

$$S = S_{wr} + (1 - S_{wr})(1 + \alpha_{BV} \mid h - h_a \mid^{\beta_{BV}})^{-\gamma_{BV}} \tag{4.3-6}$$

式中　　S_{wr}——残余饱和度，%；

　　　　α_{BV}——进气值；

　　β_{BV}、γ_{BV}——Huyakorn 非饱和水力参数。

土壤水分特征曲线的倒数即单位基质势的变化引起的含水率的变化，称为比水容量，用 C 表示，C 值是土壤含水率或基质势的函数即 $C(\theta)$ 或 $C(h)$，含义为压力水头下降一个单位时，单位体积土壤释放出来的水体积。

饱和土的渗透系数通常为常数，非饱和土中水的渗透系数主要是饱和度或体积含水量的函数，在非饱和土力学中，常将这种函数关系称为渗透性函数。又因为饱和度或体积含水量与基质吸力之间可以用土水特征曲线描述，所以用基质吸力也可导出渗透性函数。

3. 非饱和土壤水分运动基本方程

质量守恒定律是物质运动和变化普遍遵循的规律，非饱和土水的运动也必然要遵循这一规律，而达西定律是多孔介质中流体运动所应满足的运动规律，因此将达西定律和质量守恒定律结合起来应用于非饱和土壤中水的流动，便可推导出描述土壤水分运动的基本方程。

在非饱和土体中取一个立方体单元，单元三个方向上的 dx、dy、dz 都为无穷小量，在 x、y、z 方向上有水流通过（图 4.3 - 2），流速以图中标注方向为正。假设土单元骨架不变形，流过土壤中的水为不可压缩的流体。在 dt 时间内，流入单元体的水质量为：

$$m_i = \rho v_x \mathrm{d}y \mathrm{d}z \mathrm{d}t + \rho v_y \mathrm{d}x \mathrm{d}z \mathrm{d}t + \rho v_z \mathrm{d}y \mathrm{d}x \mathrm{d}t \tag{4.3-7}$$

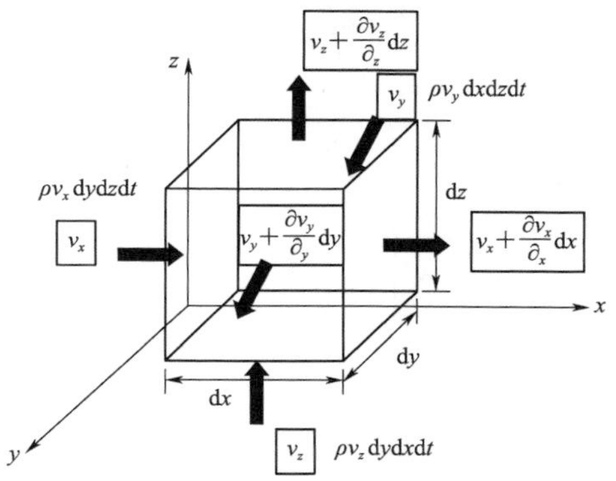

图 4.3 - 2　渗流示意图

流入和流出单元体的质量差为：

$$\Delta m_2 = m_i - m_o = -\rho \left(\frac{\partial v_x}{\partial x} + \frac{\partial v_y}{\partial y} + \frac{\partial v_z}{\partial z} \right) \mathrm{d}x \mathrm{d}y \mathrm{d}z \mathrm{d}t$$

$$- \left(v_x \frac{\partial \rho}{\partial x} + v_y \frac{\partial \rho}{\partial y} + v_z \frac{\partial \rho}{\partial z} \right) \mathrm{d}x \mathrm{d}y \mathrm{d}z \mathrm{d}t \tag{4.3-8}$$

4. 饱和-非饱和渗流控制方程

在实际工程问题中，比如库水位变化中的土坝渗流、降雨和淋洗水的下渗、农田灌溉排水等，都会考虑非饱和区的作用[69]，此时就很有必要将饱和体与非饱和体作为一个整体来研究渗流问题。

如果土体饱和，土壤含水率将变为饱和含水率 θ_s，渗透系数也将变为饱和渗透系数 K_s，在不考虑水的压缩性时，渗流方程式（4.3-8）左端项将变为零，此时方程就是饱和渗流方程，可见饱和渗流方程可以看作非饱和流的一个特例，将饱和与非饱和渗流方程统一起来考虑是可行的。有：

$$\frac{\partial}{\partial t}(\rho\theta) = \frac{\partial H}{\partial t}\left(\rho n \frac{\partial S}{\partial H} + \rho S \frac{\partial n}{\partial H} + nS \frac{\partial \rho}{\partial H}\right) \tag{4.3-9}$$

令 $\alpha = S$，$S_s = \dfrac{\partial n}{\partial H}$，有 $C(h) = \dfrac{\partial \theta}{\partial h} = n \dfrac{\partial S}{\partial H}$（$H = h + z$），则得：

$$\frac{\partial}{\partial x}\left[K(h) \frac{\partial H}{\partial x}\right] + \frac{\partial}{\partial y}\left[K(h) \frac{\partial H}{\partial y}\right] + \frac{\partial}{\partial z}\left[K(h) \frac{\partial H}{\partial z}\right] = \left[C(h) + \alpha S_s\right] \frac{\partial H}{\partial t}$$
$$\tag{4.3-10}$$

公式（4.3-10）即为以压力水头 h 表示的饱和-非饱和渗流控制方程。

式中　$C(h)$——容水度，在饱和区为零；

　　　　S_s——贮水率，其含义为下降一个单位水头时从单位土体释放出来的水量，在饱和区为一常数，在非饱和区其值为零（不考虑孔隙比变化）。在很多情况下，饱和土体的 S_s 常设为零。如果要考虑降雨入渗或蒸发等情况，则需在公式（4.3-10）左端增加一项源汇项 Q。饱和-非饱和渗流控制方程建立起来后，就需要数学等工具来针对具体问题进行求解。

4.3.2　饱和-非饱和渗流有限单元法

1. 数学模型

以二维饱和-非饱和渗流问题为例，为计算简便，S_s 假定为零，而且无源汇。

$$\frac{\partial}{\partial x}\left[K(h) \frac{\partial H}{\partial x}\right] + \frac{\partial}{\partial z}\left[K(h) \frac{\partial H}{\partial z}\right] = C(h) \frac{\partial H}{\partial t} \tag{4.3-11}$$

控制方程的定解条件由初始条件与边界条件构成，初始条件为：

$$H(x,z,0) = H_0(x,z,0) \tag{4.3-12}$$

自由面 Γ_4：

$$H(x,z,t)\mid_{\Gamma_4} = Z(x,z,t), t > 0 \tag{4.3-13}$$

$$K \frac{\partial H(x,z,t)}{\partial n}\mid_{\Gamma_4} \leqslant 0, t > 0 \tag{4.3-14}$$

2. 饱和-非饱和渗流场有限元方法

有限元方法求解问题一般有两种方法：

（1）变分法：讨论泛函数的极值问题，有严格的数学证明，是数值方法中最古老的方法。但不少微分方程的泛函数并不容易获得，甚至没有，使得应用上受限。

（2）加权余量法：可以引入试函数和权函数。从微分方程中直接求出近似的数值解。它的优点是可以避免建立能量方程，使一些无法求得能量方程的课题得到了较精确的解答。

首先将饱和-非饱和渗流微分方程转化为有限元方法的形式：

$$A(u) = \frac{\partial}{\partial x}\left[K(h) \frac{\partial H}{\partial x}\right] + \frac{\partial}{\partial z}\left[K(h) \frac{\partial H}{\partial z}\right] - C(h) \frac{\partial H}{\partial t} = 0 \tag{4.3-15}$$

由　$\int_\Omega V \left\{ \dfrac{\partial}{\partial x} \left[K(h) \dfrac{\partial H}{\partial x} \right] + \dfrac{\partial}{\partial y} \left[K(h) \dfrac{\partial H}{\partial y} \right] + \dfrac{\partial}{\partial z} \left[K(h) \dfrac{\partial H}{\partial z} \right] - C(h) \dfrac{\partial H}{\partial t} \right\} \mathrm{d}\Omega = 0$

$$(4.3-16)$$

对公式（4.3-16）进行分步积分可得：

$$\int_\Omega \left[C(h) \frac{\partial H}{\partial t} V + K(h) \frac{\partial H}{\partial x} \frac{\partial V}{\partial x} + K(h) \frac{\partial H}{\partial z} \frac{\partial V}{\partial z} \right] = \int_\Gamma K(h) \frac{\partial H}{\partial n} V \mathrm{d}\Gamma \quad (4.3-17)$$

利用方程边界条件，公式（4.3-17）可变为：

$$\int_\Omega \left[C(h) \frac{\partial H}{\partial t} V + K(h) \frac{\partial H}{\partial x} \frac{\partial V}{\partial x} + K(h) \frac{\partial H}{\partial z} \frac{\partial V}{\partial z} \right] = \int_{\Gamma_1 + \Gamma_3} K(h) \frac{\partial H}{\partial n} V \mathrm{d}\Gamma + \int_{\Gamma_3} q V \mathrm{d}\Gamma$$

$$(4.3-18)$$

4.3.3　土体渗流场与应力场耦合控制方程

土体在正常状况下，土中的水和土骨架会处于平衡状态。但是如果有外力作用土体或者土中的水平衡状态受到破坏，土体中的渗流场和应力场就会发生改变。这种平衡状态的改变有十分密切的相互作用：水流运动产生的力作用土骨架，从而影响土骨架应力状态，反之，土骨架应力状态的变化又使土中水的渗透空间变化，进而导致渗流场的改变。譬如，工程建设中的深基坑开挖，就会遇到这样的耦合问题，由于开挖，基坑水位会大幅度降低，形成的巨大水头差使得土体中的水运动激烈，由此而形成的土体应力状态的调整以变形的形式表现出来，势必影响周边建筑物的安全和稳定；基坑应力状态调整而产生的变形破坏势必将导致其变形特性和渗透特性的相应变化，从而影响和调整土体中的渗流场变化。

1. 应力场控制方程

土体内渗流场和应力场是两个具有不同运动规律的物理力学环境，要描述其耦合响应的数学模型也应包含渗流场和应力场两个控制微分方程，以及其对应的边界条件和初始条件。在推导方程之前，需要做以下假定：

（1）土骨架是孔弹性介质，具有各向异性，有很小的压缩性。

（2）土骨架弹性变形满足广义胡克定律。

（3）Terzaghi 有效应力原理适用于饱和-非饱和流土体。

（4）饱和-非饱和渗流遵从广义达西定律。

（5）水体有轻微压缩性。

可以很明显看出，上述假定与 Biot 理论有很大的不同，更能符合实际情况。

牛顿定律认为，物体 V 的总动量对时间的变化率等于作用于物体外力的总和，根据这一动量平衡原理，可得土骨架应满足以下平衡方程式：

$$\begin{cases} \dfrac{D}{D_t} \int_V \rho_b \overrightarrow{v} \mathrm{d}V = \int_\Gamma \overrightarrow{n} \cdot \overrightarrow{\sigma} \mathrm{d}\Gamma + \int_V \rho_b \overrightarrow{g} \mathrm{d}V \\ \rho_b = n S \rho_w + (1-n) \rho_s \end{cases} \quad (4.3-19)$$

式中　ρ_b——土体密度，$\mathrm{g/cm^3}$；

　ρ_w，ρ_s——水和土颗粒密度，$\mathrm{g/cm^3}$；

　　　S——土壤水饱和度，%；

　　　σ——总应力张量（以压为正），$\sigma = \sigma_{ij}$；

$\overrightarrow{v}$——固体颗粒移动速度，cm/s；

V——单元体积，cm³；

Γ——单元的周表面积，cm²；

$\overrightarrow{n}$——单位法向矢量；

$\overrightarrow{g}$——重力加速度矢量。

根据土体遵从广义 Terzaghi 有效应力原理，则得张量表示的有效应力方程式为：

$$\sigma_{ij} = \sigma'_{ij} + \alpha_{ij} p \qquad i,j = x,y,z \tag{4.3-20}$$

对于非饱和土体，孔隙水压力 $p = S\gamma_w h$，$\gamma_w = \rho_w h$ 为单位水重，$h = p/\gamma_w$ 为压力水头。联立可得应力场控制方程式：

$$\frac{\partial}{\partial x_j}(\sigma'_{ij} + S\alpha_{ij}\gamma_w h) + \rho_b g_i = 0 \qquad i,j = x,y,z \tag{4.3-21}$$

2. 渗流场控制方程

在经典渗流力学中，通常认为固体骨架不变形，这一点可以接受，但是在工程实际中，固体颗粒总会或多或少有变形，忽略骨架颗粒的变形是不妥的。Biot 理论仅考虑土体是饱和状态下的渗流，这与很多情况下需要考虑饱和-非饱和渗流不符。以下在推导渗流场控制方程中，是以饱和-非饱和流为研究对象的。由于渗流发生在可变形的土体中，因而不但水流具有一定的渗流速度，而且骨架颗粒也有一定的运动速度。水流的速度可表示为：

$$V_w = V_s + V_r \tag{4.3-22}$$

式中　V_w——水流运动的绝对速度，cm/s；

　　　V_s——骨架颗粒运动的绝对速度，cm/s；

　　　V_r——流体相对于骨架颗粒的速度，cm/s。

根据定义 $V_s = \dfrac{\partial u}{\partial t}$，水流（考虑源汇项）的连续性方程为：

$$\nabla \cdot (\rho_w n S V_w) + \frac{\partial(\rho_w n S)}{\partial t} = \rho_w q_w \tag{4.3-23}$$

式中　ρ_w——水的密度，g/cm³；

　　　n——土体的孔隙度；

　　　S——饱和度，%；

　　　q_w——单位体积的流量，cm³/s；

　　　V_w——单位体积的源汇项。

由　　　　$$\frac{\partial(\rho_w n S)}{\partial t} = n\rho_w \frac{\partial S}{\partial t} + nS \frac{\partial \rho_w}{\partial t} + S\rho_w \frac{\partial n}{\partial t} \tag{4.3-24}$$

可得：

$$\begin{aligned}
\nabla \cdot (\rho_w n S V_w) &= \nabla \cdot [\rho_w n S (V_r + V_s)] = \nabla \cdot (\rho_w n S V_s) + \nabla \cdot (\rho_w n S V_r) \\
&= \rho_w n S \nabla \cdot V_s + \rho_w \nabla \cdot (n S V_r) + V_s \nabla \cdot (\rho_w n S) + n S V_r \nabla \cdot \rho_w
\end{aligned} \tag{4.3-25}$$

公式（4.3-25）可以忽略 $V_s \nabla \cdot (\rho_w n S)$ 和 $n S V_r \nabla \cdot \rho_w$ 两项，即为：

$$\nabla \cdot (\rho_w n S V_w) = \nabla \cdot [\rho_w n S (V_r + V_s)] = \rho_w n S \nabla \cdot V_s + \rho_w \nabla \cdot (n S V_r) \tag{4.3-26}$$

式中 q_r——nSV_r 为可压缩土体中水的流量，根据达西定律：

$$q_r = nSV_r = -K \cdot \nabla(h+z) = -k_r k_{ij} \nabla \cdot (h+z) \quad i,j = x,y,z \quad (4.3-27)$$

式中 k_r——相对于饱和渗透系数的 k 比值，是压力水头函数 $k_r(h)$，$0 \leqslant k_r \leqslant 1$；

k_{ij}——饱和渗透系数张量。

测压管水头 $H = h + z$。代入公式（4.3-2）得：

$$\rho_w S \left[\frac{\partial n}{\partial t} + n \nabla \cdot V_s \right] + nS \frac{\partial \rho_w}{\partial t} + \rho_w n \frac{\partial S}{\partial t}$$

$$- \rho_w K \nabla \cdot (h+z) = \rho_w q_w \qquad (4.3-28)$$

4.3.4 典型工程渗流分析

以某地铁风井基坑工程为实例，进行了渗流场有限元计算，得到基坑的不同开挖深度时的总水头分布、压力水头分布、涌水量等参数，为工程降水和防水设计服务。图 4.3-3 为某地铁风井基坑的平面布置，其平面尺寸为 30.6m×16m，最终深度为 42.0m。现按照分层施工方案进行计算，图 4.3-4 为地层剖面示意图。

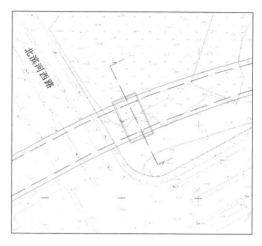

图 4.3-3 风井基坑的平面布置图

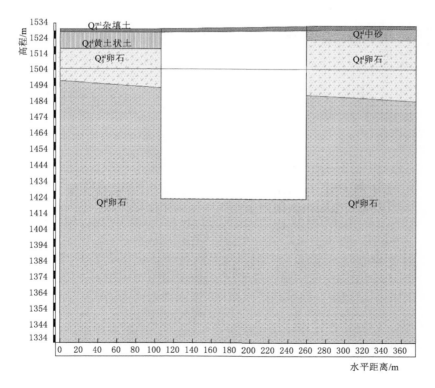

图 4.3-4 地层剖面示意图

根据计算结果，不同开挖深度孔压对比结果见图 4.3-5～图 4.3-11。

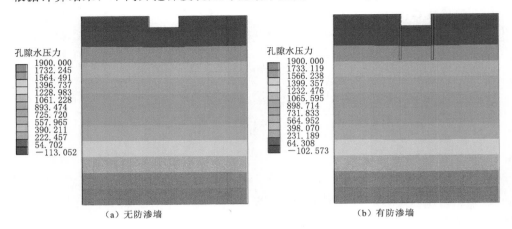

图 4.3-5 开挖至 12m 时渗流场孔压分布结果 (单位：kPa)

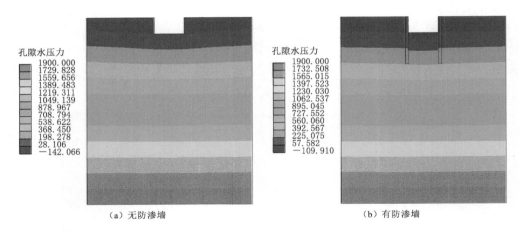

图 4.3-6 开挖至 17m 时渗流场孔压分布结果 (单位：kPa)

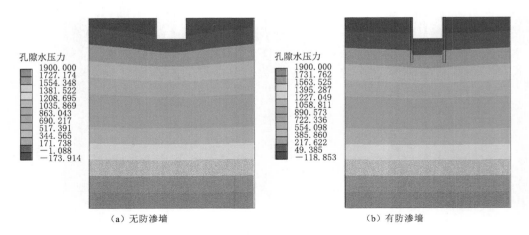

图 4.3-7 开挖至 22m 时渗流场孔压分布结果 (单位：kPa)

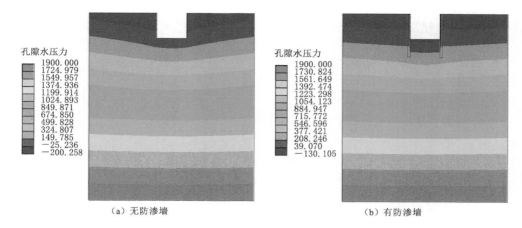

（a）无防渗墙　　　　　　　　　　　（b）有防渗墙

图 4.3-8　开挖至 27m 时渗流场孔压分布结果（单位：kPa）

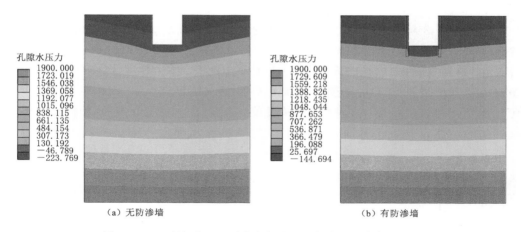

（a）无防渗墙　　　　　　　　　　　（b）有防渗墙

图 4.3-9　开挖至 32m 时渗流场孔压分布结果（单位：kPa）

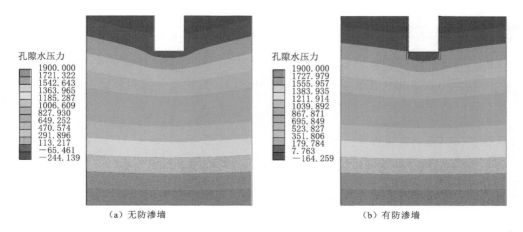

（a）无防渗墙　　　　　　　　　　　（b）有防渗墙

图 4.3-10　开挖至 37m 时渗流场孔压分布结果（单位：kPa）

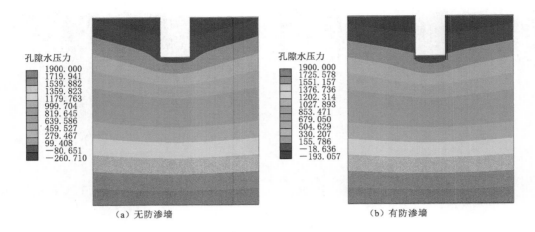

图 4.3 - 11　开挖至 42m 时渗流场孔压分布结果（单位：kPa）

上述计算结果表明，基坑开挖之后周围地下水向基坑汇集，并且基坑深度越大，汇集现象越明显。有防渗墙时基坑边壁处基本无渗水现象，基坑边壁附近的水位变化较小，水位降落漏斗集中在基坑底部。施工前后地层中地下水水力梯度计算对比见表 4.3 - 1，无防渗墙时基坑周围地下水位变化明显，并且基坑深度越大、水力梯度值越大，防渗墙作用后能有效降低基坑边壁水力梯度值，使地下水位变化相对平缓。整体对比发现，防渗墙能有效防止不同开挖深度下的基坑渗水现象，防止基坑边壁出现渗透破坏情况。

表 4.3 - 1　　　　　　　　　　　　地下水水力梯度计算对比表

开挖深度/m	12	17	22	27	32	37	42
无防渗墙	0.0071	0.013	0.095	0.11	0.15	0.20	0.23
有防渗墙	0.0062	0.0067	0.0073	0.0099	0.014	0.095	0.13
初始水力梯度	0.0021～0.0056						

提取不同开挖阶段的基坑涌水量、孔隙水压力绘制与开挖深度的关系曲线，由曲线（图 4.3 - 12）可以看出，涌水量与开挖深度呈近似指数关系，曲线公式为：

$$Q = 1.95\ln H - 4.62 \tag{4.3 - 29}$$

孔隙水压力与开挖深度呈近似线性关系，线性关系公式为：

$$P = 13.18H - 1.56 \tag{4.3 - 30}$$

通过建立富水卵石层开挖深度与基坑涌水量、孔隙水压力的关系曲线，可以有效预测不同开挖深度的涌水量和孔隙水压力，将应力应变与渗流场进场耦合，还可以得出沉降量、应力状态与渗流场的关系。

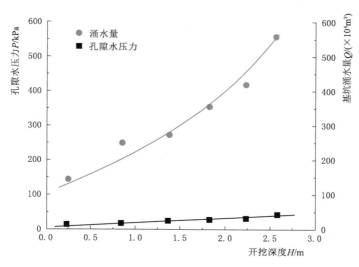

图 4.3－12　基坑涌水量、孔隙水压力与开挖深度关系曲线

4.4　三维地下水流数值模拟研究

4.4.1　Modflow 理论计算方法

在不考虑地下水的连续性时，三维状态的地下水运动方程表现形式为：

$$\frac{\partial}{\partial x}\left(K_{xx}\frac{\partial h}{\partial x}\right)+\frac{\partial}{\partial y}\left(K_{yy}\frac{\partial h}{\partial y}\right)+\frac{\partial}{\partial z}\left(K_{zz}\frac{\partial h}{\partial z}\right)-W=S_s\frac{\partial h}{\partial t} \qquad (4.4-1)$$

式中　K_{xx}、K_{yy}、K_{zz}——x、y 和 z 轴方向的渗透系数，可以将渗透系数主轴方向作为坐标轴的方向，量纲为 LT^{-1}；

h——地下水头，量纲为 L；

W——单位体积的流量，量纲为 LT^{-1}；

S_s——贮水率，量纲为 L^{-1}；

t——时间，量纲为 T。

一般来说，S_s、K_{xx}、K_{yy} 与 K_{zz} 都必须作为空间的函数，其中 W 不仅伴随空间变化，而且还伴随时间变化。公式（4.4－1）中所介绍的是关于三维空间中渗透系数方向与坐标系的方向相同时的地下水流动。

在公式（4.4－1）中加入相关的初始条件与边界条件之后，就能组成一个说明地下水动力学的数学模型。如果从解析上来讲，模型解是关于水头的值方面的数学表示方法；从相应的时间、空间来解释，该方法得到水头要完全跟边界条件和初始条件相一致。但是公式（4.4－1）中用数学方法来求解不可能解出。因此，用数学方法只能估计公式（4.4－1）的值。数学方法一般采用有限差分法。

有限差分法就是把模拟模型的时间跟空间划分成为一些分散的点，在相应的点上，用水头差分来替换相关的连续偏导公式；再把全部未知点联系在一起，将全部的有限差分式

95

构成相应的线性方程组，进而把所有的线性方程组联立起来进行求解。这样可以得到各离散点近似的水头解。

用网格来替换三维的地下水文地质情况，把所有的含水层划分为几层，同时各层还可以加密为很多的行与列。这样就可以应用小长方体来大致表示地下水文地质条件，这些长方体就是模拟要用到的计算单元。这些小长方体也称为模型的元素或者格点。各个计算单元的位置可以应用行（i）、列（j）和层（k）来表达。假如将含水层剖面分为 n 层，再把各层细分为 m 行与 w 列，其中 i 是表示行的下标，j 是表示列的下标，k 表示层的下标，则

$i = 1,\ 2,\ \cdots,\ n$

$j = 1,\ 2,\ \cdots,\ m$

$k = 1,\ 2,\ \cdots,\ w$

图 4.4-1 表示的是水文地质剖分图。剖分的过程当中，要尽可能地使模型分层跟地下水文地质条件的情况相一致。在这样的三维坐标当中，k 是对于竖向坐标变进行化的。在模型中的第一层也就是它的最上层，这样 k 值就可以伴随层数加大而增大。由于行方向与 x 轴相对应，列方向与 y 轴相对应，因此行的下标就随 x 值增加而变大，而列的下标则随 y 值降低而变大。图 4.4-1 中的标号是按照这样的规则做出来的。

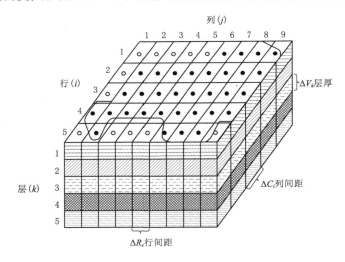

图 4.4-1　水文地质部分图

根据图 4.4-1，列中的计算单元沿行方向上的宽度由它所表达。其中行中的计算单元沿列的方向的宽度用 Δt 来表示，而层的计算单元厚度是用 k 来表示。按这些规定，计算单元（4，8，3）的体积就可以表述为 $\Delta R_8 \Delta C_4$。一个剖分的长方体中心位置称作为节点，也就是说计算单元的水头是由在该位置上的值表示。

对于要计算的水头值，不仅要有时间函数，还要有关于空间方面的一些必要函数。也就是说，既要将含水层在空间上做离散，也要将相关的时间做必要的离散。依据连续性方程，流入与流出水量的差值等于贮水量变化，在地下水的密度不变时，其表达式为：

$$CR_{i,j-1/2,k}(h_{i,j-1,k}^2 - h_{i,j,k}^2) + CR_{i,j+1/2,k}(h_{i,j+1,k}^2 - h_{i,j,k}^2) + CR_{i-1/2,j,k}(h_{i-1,j,k}^2 - h_{i,j,k}^2)$$

$$+ CR_{i+1/2,j,k}(h_{i+1,j,k}^2 - h_{i,j,k}^2) + CR_{i,j,k-1/2}(h_{i,j,k-1}^2 - h_{i,j,k}^2) + CR_{i,j,k+1/2}(h_{i,j,k}^2 - h_{i,j,k}^2)$$

$$+ P_{i,j,k}h_{i,j,k}^2 + Q_{i,j,k} = SS_{i,j,k}(\Delta R_j \Delta C_i \Delta V_k)\frac{h_{i,j,k}^2 - h_{i,j,k}^1}{t_2 - t_1} \tag{4.4-2}$$

$$\sum_{i=1}^{n} Q_i = SS\frac{\Delta h}{\Delta t}\Delta V$$

式中　Q_i——固定时间内计算单元的水流变化，量纲为 L^3/T；

　　　SS——含水层的贮水率，量纲为 L^{-1}，它的意义是每当水头变化 1 个单位时，这个含水层单位体积吸收或者放出的水量；

　　　ΔV——计算单元的体积，量纲为 L^3；

　　　Δh——某一时间段内水头的变化，量纲为 L；

　　　Δt——时间的变化量，量纲为 T。

公式（4.4-2）右边项指的是在单位时间内水头每发生变化为 Δh 时含水层中贮水量变化。假如流进来的地下水量比流出的地下水量大，那该含水层中的贮水量就是相应的增加。

图 4.4-2 表达的是计算单元 $(i，j，k)$ 和与其相邻的 6 个单元。6 个相邻单元的下标分别由 $(i-1，j，k)$、$(i+1，j，k)$、$(i，j-1，k)$、$(i，j+1，k)$、$(i，j，k-1)$ 和 $(i，j，k+1)$ 来表示。

为让推导公式更方便，可以用正号表示进入计算单元 $(i，j，k)$ 的地下水量，而用负号表示流出计算单元 $(i，j，k)$ 的地下水量，如此负号就可以跟达西公式里的负号相抵消。由达西公式能够得到在行的方向上由计算单元 $(i，j-1，k)$ 流入单元 $(i，j，k)$ 的流量（参见图 4.4-2）：

$$q_{i,j-\frac{1}{2},k} = KR_{i,j-\frac{1}{2},k}\Delta C_i \Delta V_k \frac{h_{i,j-\frac{1}{2},k} - h_{i,j,k}}{\Delta R_{j-1/2}} \tag{4.4-3}$$

式中　$h_{i,j,k}$——在计算单元 $(i，j，k)$ 处的水头值；

　　　$h_{i,j-1,k}$——在计算单元 $(i，j-1，k)$ 处的水头值；

　　　$q_{i,j-1/2,k}$——通过计算单元 $(i，j，k)$ 和计算单元 $(i，j-1，k)$ 之间界面的流量，量纲为 L^3/T；

　　$KR_{i,j-1/2,k}$——计算单元 $(i，j，k)$ 和 $(i，j-1，k)$ 之间的渗透系数，量纲为 L/T。

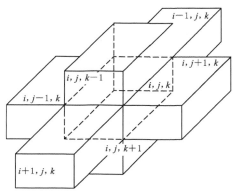

图 4.4-2　计算单元 $(i，j，k)$ 和与其相邻的 6 个单元

4.4.2　水文地质概念模型的建立

研究区域为某风井周边 250m 范围内，其平面区域见图 4.4-3。本次模拟的区域为东西各 260m，模拟时采用 Visual Modflow 进行网格剖分，将平面分为 50 行、50 列，含水层垂向分为 3 层。平面剖分图见图 4.4-4。

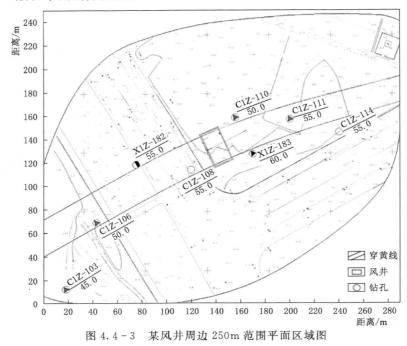

图 4.4-3　某风井周边 250m 范围平面区域图

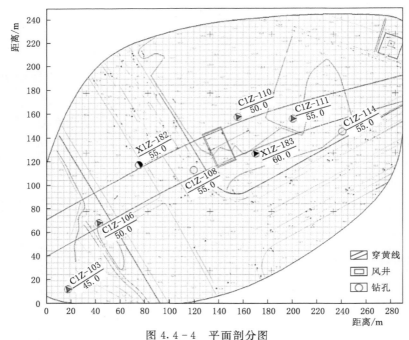

图 4.4-4　平面剖分图

4.4.3　水流运动学模型

依据水文地质概念模型，地下水流数学模型可描述为：

$$
\begin{cases}
\dfrac{\partial}{\partial x}\left(K\dfrac{\partial H}{\partial x}\right)+\dfrac{\partial}{\partial y}\left(K\dfrac{\partial H}{\partial y}\right)+\dfrac{\partial}{\partial z}\left(K\dfrac{\partial H}{\partial z}\right)+Q\cdot\delta=0 & (x,y,z)\in\Omega,t>0\quad\text{潜水}\\[2mm]
\dfrac{\partial}{\partial x}\left(K\dfrac{\partial H}{\partial x}\right)+\dfrac{\partial}{\partial y}\left(K\dfrac{\partial H}{\partial y}\right)+\dfrac{\partial}{\partial z}\left(K\dfrac{\partial H}{\partial z}\right)+W\cdot\delta=S_s\dfrac{\partial H}{\partial t} & (x,y,z)\in\Omega,t>0\quad\text{承压水}\\[2mm]
H(x,y,z,0)=h_0 & (x,y,z)\in\Omega\quad\text{初始条件}\\[2mm]
H(x,y,z)\,|_{\Gamma_1}=h_1 & t>0\quad\text{定水头边界（南侧边界）}\\[2mm]
K\dfrac{\partial H}{\partial n}\,|_{\Gamma_2}=q_0 & t>0\quad\text{定流量边界（西北边界）}\\[2mm]
\dfrac{\partial H}{\partial n}\,|_{\Gamma_2}=0 & t>0\quad\text{隔水边界（其他周界与底板）}\\[2mm]
\dfrac{K,A}{M_r}(H_r-H)=Q_r & \text{泉集河边界}\\[2mm]
\left.\begin{array}{l}H=z\\[1mm]\mu\dfrac{\partial H}{\partial t}=-(K-\varepsilon)\dfrac{\partial H}{\partial z}+\varepsilon\end{array}\right\} & \text{潜水面边界}
\end{cases}
$$

式中　H，H_r——地下水位标高和泉集河水位标高，m；

K，K_r——含水层渗透系数和河床淤积层垂向渗透系数，m/d；

μ，S_s——潜水含水层给水度；承压含水层弹性释水率，1/m；

Q，W——水井开采量和矿井涌水量，m^3/d；

δ——δ 函数（分别对应水井、坑道位置坐标）；

h_0，h_1——初始水位标高和定水头边界水位标高，m；

q_0，Q_r——定流量边界流量，m^3/(d·m^2)；泉集河流量，m^3/d；

A，M_r——泉集河计算面积，m^2；河床淤积层厚度，m；

ε——潜水面垂向交换量（入为正，出为负），m^3/(d·m^2)；

x，y，z——坐标变量，m；

t——时间变量，d；

Γ_1，Γ_2——一类边界、二类边界；

n，Ω——二类边界外法线方向、计算区范围。

4.4.4　地下水流场演化趋势预测

本次采用 4.4.3 节模型对某地铁风井基坑工程，进行地下水位等值线的计算，分别计算不同开挖阶段地下水的变化情况。

不同基坑开挖深度下的三维渗流场分析见图 4.4-5～图 4.4-11，可以看出基坑下的地下水位呈降落漏斗状，随着开挖深度的增大地下水位下降幅度越大，对比有无防渗墙时的压力水头分布可以看出设置防渗墙时防渗墙两侧孔压变化明显，防渗墙能够有效减少地下水向基坑的入渗，进而控制地下水位。

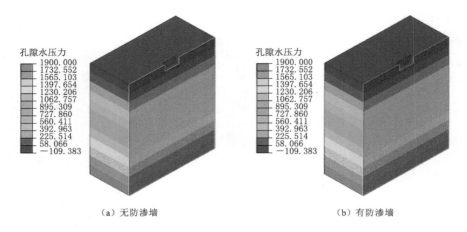

（a）无防渗墙　　　　　　　　　　　　　（b）有防渗墙

图 4.4-5　开挖至 12m 时三维渗流场孔压分布结果（单位：kPa）

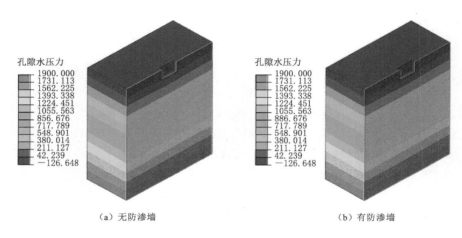

（a）无防渗墙　　　　　　　　　　　　　（b）有防渗墙

图 4.4-6　开挖至 17m 时三维渗流场孔压分布结果（单位：kPa）

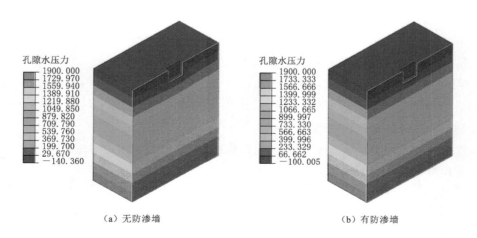

（a）无防渗墙　　　　　　　　　　　　　（b）有防渗墙

图 4.4-7　开挖至 22m 时三维渗流场孔压分布结果（单位：kPa）

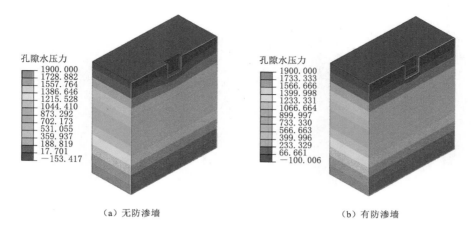

（a）无防渗墙　　　　　　　　　　　（b）有防渗墙

图 4.4-8　开挖至 27m 时三维渗流场孔压分布结果（单位：kPa）

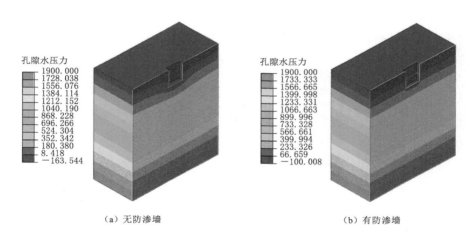

（a）无防渗墙　　　　　　　　　　　（b）有防渗墙

图 4.4-9　开挖至 32m 时三维渗流场孔压分布结果（单位：kPa）

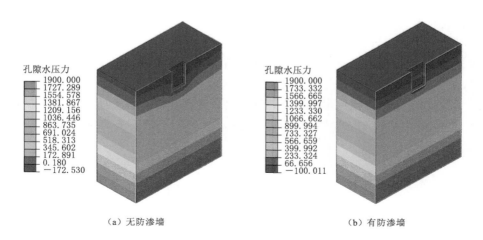

（a）无防渗墙　　　　　　　　　　　（b）有防渗墙

图 4.4-10　开挖至 37m 时三维渗流场孔压分布结果（单位：kPa）

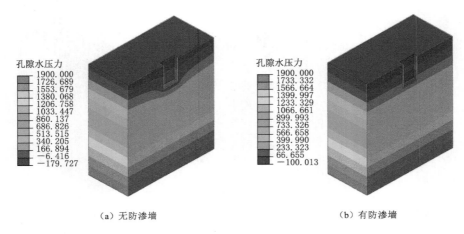

（a）无防渗墙　　　　　　　　　　　　（b）有防渗墙

图 4.4-11　开挖至 42m 时三维渗流场孔压分布结果（单位：kPa）

有无防渗墙时基坑开挖深度和渗流量对比结果见图 4.4-12，图中结果表明基坑渗流量和开挖深度之间呈现明显的正相关关系，并且防渗墙能有效减少出渗边界面积，进而控制渗流量。

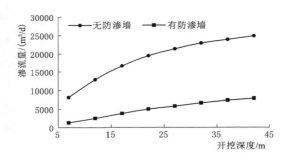

图 4.4-12　基坑渗流量随开挖深度变化规律图

4.5　本章小结

（1）通过渗流场有限元计算和对比分析发现，防渗墙的增设能降低基坑边壁水力梯度值，使地下水位变化相对平缓。

（2）基坑渗流量和开挖深度之间呈现明显的正相关关系，并且防渗墙能有效减少渗流量，开挖至 42m 时，增设防渗墙可将渗流量由 25000m³/d 降低至 6500m³/d。

第 5 章　砂卵砾石层细观特征重构及其颗粒流力学特性研究

5.1　砂卵砾石层细观特征重构理论技术研究

如何对岩土体粒径差异显著的砂卵砾石细观材料进行描述，进而建立合理的数值模拟方法，以及如何通过细观尺度下土石颗粒作用过程数值模拟确定不同细观参数下的岩土体的宏观力学行为是值得关心的问题，这有助于将空间分布复杂的砂卵砾石层在空间上展布出来，为工程的开挖、治理提供重要依据。本章借助颗粒流方法研究不同形式砂卵砾石的力学特性，建立岩土体细观特征的提取、随机重构方法，为后续数值模拟研究提供依据。

5.1.1　砂卵砾石层细观颗粒二维重构方法研究

在岩土介质中，宏观的变形破坏规律及力学特性（如破坏模式、裂纹扩展、承载能力等）很大程度上依赖于其内部细观结构特征，如粒度组成、颗粒表面及排列方式等。在土石混合介质中，较大尺寸块石的形状、纹理将决定宏观介质的摩擦性能；在粗粒土中大颗粒的轮廓特征对力学参数影响较大；在砂卵砾石介质中大颗粒轮廓的粗糙度对宏观介质的承载力有重要影响等，因此近年来将介质细观特征与宏观特性相联系的细观分析方法越来越受重视。如何对这些细观特征进行描述并随机重构，进而用于力学分析，是细观岩土力学研究的重要挑战。

上述针对岩土介质大颗粒细观特征的研究，多数是采用任意多边形进行构造与分析，忽略其细节成分，而岩土工程中采用的实数傅里叶分析，无法考虑凹陷的颗粒轮廓。采用二维复数傅里叶分析方法，将任意颗粒的外轮廓采用复数序列表示，可建立复数傅里叶描述与颗粒形状、粗糙度、尺寸之间的映射关系，并通过两组试验对颗粒进行细观特征分析与随机重构，实现复数傅里叶分析在岩土颗粒细观特征表征中的应用。

5.1.2　三维颗粒细观轮廓激光扫描获取方法研究

三维激光扫描技术（3D Laser Scanning Technology）是一种先进的全自动高精度立体扫描技术。它是利用三角形几何关系求得距离，先由扫描仪发射激光到物体表面，利用在基线另一端的 CCD 相机接收物体反射信号，记录入射光与反射光的夹角，已知激光光源与 CCD 之间的基线长度，由三角形几何关系推求出扫描仪与物体之间的距离，见图 5.1-1，并基于体剖分、面剖分和面投影等方法建立 Delaunay 三角网格。

　　图形扫描精度对砂卵砾石混合体颗粒分析有重要影响。为精确获得砂卵砾石混合体颗粒真实三维几何数据，采用三维激光扫描仪，见图 5.1-2。激光束通过图 5.1-2 当中黑盘上白色坐标点和砂卵砾石混合体颗粒表面点坐标相对位置确定几何数值，采集坐标数据传输到电脑，同时记录颗粒表面点坐标，直接形成颗粒三维图形。

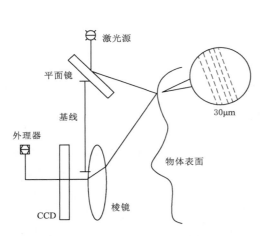 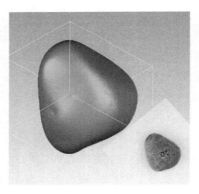

图 5.1-1　激光三角法测量原理图　　　　图 5.1-2　扫描工作图

　　对典型的岩土颗粒（卵石和碎石）进行三维扫描分析，见图 5.1-3，由 30000 个左右表面点构成的三维表面点云图，可以精确描述颗粒真实表面的物理和几何状态。

图 5.1-3　颗粒扫描实例

　　根据所得的三维扫描云点信息进行球谐函数分析，并对其表征参数进行统计分析。砂卵砾石混合体颗粒的棱角度和球形度服从线性分布，并且颗粒的棱角度和球形度呈反比关系。根据此关系，在数值模拟中可以确保颗粒形状具有一定相似性，可随机生成颗粒来取代扫描所有砂卵砾石混合体颗粒，能够化繁为简。

5.1.3　三维颗粒椭球表面构造多面体描述技术

　　由于砂卵（砾）混合物复杂的形成过程，其内部的结构特征表现出了明显的随机性。

例如，石块的形状、石块的大小及分布、石块的含量等结构特征在现场不同部位有着显著的差异。因此，建立宏观统计意义上的混合物三维随机结构是研究力学特性及变形破坏机制的前提。

1. 土石阈值

如前所述，从物质组成上来讲，混合物可以被视为是由"土体"和"石块"所构成的二元混合物。这里的"土体"和"石块"是相对的概念，在一定的研究尺度下，颗粒被认为是"土体"还是"石块"是由土石阈值 d_{thr} 所决定的。

2. 不规则石块几何模型的构造

石块是混合物内部细观结构的基本组成单元，其几何模型的构造是建立砂卵砾石混合体随机细观结构的核心，胶凝混合物内部的石块绝大多数呈现出不规则的多面体形态。此处提出了一种基于椭球基元来构造任意形状的不规则多面体，其中多面体的顶点均位于椭球体基元表面上。

3. 随机结构特征

根据前面对土石阈值的定义，胶凝混合物中"石块"的含石量可以定义为试样中石块的总体积与试样总体积的比值。

石块的大小是描述砂卵砾石混合体内部石块粒径分布的一个重要指标，其大小可以定义为轮廓上任意两点间距离的最大值。尽管在现场的不同部位砂卵砾石混合体内部的石块形状各异、大小不一，砂卵砾石混合体随机结构特征表面上表现出了"混乱"的状态。然而，对整个区域内石块大小的统计研究结果表明：石块的大小基本上符合对数正态分布。因此，在建立砂卵砾石混合体随机结构时，石块的大小被假定服从对数正态分布。

石块的空间分布是表征砂卵砾石混合体随机结构的一个重要内部特征，其对砂卵砾石混合体的抗剪强度有着较大的影响。鉴于本书研究中石块是基于椭球体基元随机构造的，石块的空间分布可由椭球体基元的中心位置和空间方位来描述。

利用 Fortran 编程语言开发砂卵砾石混合体三维随机结构模拟系统，可为后续数值试验提供技术保障。图 5.1-4 中，生成的不同含石量的砂卵砾石混合体三维随机结构，在随机结构中所有石块彼此之间不存在重叠。

（a）低含石量　　　　　　　　（b）中含石量　　　　　　　　（c）高含石量

图 5.1-4　不同含石量的胶凝混合物随机结构

5.1.4　基于球谐函数的三维细观特征刻画与力学特性分析方法

为了更好地对岩土介质内颗粒之间的力学行为进行研究，获取颗粒三维表面的轮廓特征非常有必要。如果需要考虑岩体内不同矿物颗粒的影响，引入更加有效的方法来实现颗粒形态的定量描述和准确构建具有重要意义。虽然自然界中的矿物颗粒形态随机多变，但经历过相同受载历史的颗粒，其外轮廓特征近似服从统计特征。而传统离散元分析的方法在考虑这种颗粒介质时，并没有考虑到颗粒形态的随机性和复杂性，大多采用球体直接代替。

借助三维扫描技术对颗粒进行扫描，通过捕捉颗粒外轮廓信息可呈现三维图像，然后对颗粒表面信息去噪（去除非连通点、线）后，对图像分割与二值化，进而对颗粒边界进行识别及坐标参数化，得到一组三维的矩阵，即每一个像素的坐标参数。之后对这些外轮廓点进行分析，可得到颗粒外轮廓的 Delaunay 三角网格，这一过程借助一些辅助软件即可实现。

任意三维颗粒可用三维球谐函数表征，将形心移至坐标轴原点，在外轮廓点已知条件下可采用图 5.1-5 中的球坐标系进行描述，从颗粒形心到表面点可表示为 $\vec{r}(\theta, \varphi)$，其中 (θ, φ) 的范围为 $(0 \leqslant \theta \leqslant \pi, 0 \leqslant \varphi \leqslant 2\pi)$，$r$ 表示形心到表面点的极半径。研究表明可采用球度和棱度来更直观地表征颗粒形状。

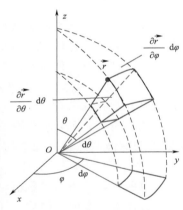

图 5.1-5　球谐函数坐标示意图

球度和棱度能很直观地评价颗粒的特征，其中球度能很好地表征颗粒的对称性，而棱度可以很好地表征颗粒表面纹理特征，二者可以用于随机重构颗粒的细观特征对比研究。

对颗粒进行球谐函数分析，是随着最大球谐系数展开阶数的增加不断逼近理想值的过程。这说明球谐函数能够较好地表征颗粒基本形状和表面纹理的表征，其精度取决于对颗粒外轮廓扫描的精度和所选取的最大球谐函数系数展开阶数 n。当最大球谐函数系数展开阶数 n 取到 10 阶时，该颗粒无论是从颗粒轮廓表面吻合程度，还是表面积、体积等几何参数均已接近原始颗粒，通过比较重构颗粒的实际值与理论值，其误差在 5% 之内，则表明已经能够满足计算精度的需要。

图 5.1-6 中，随着球谐展开阶数的增大，重构颗粒的轮廓越接近真实轮廓。在展开阶数较低时，颗粒表面光滑。如 0 阶时即为圆球，1 阶时为椭球，随着阶数增加，颗粒表面的细节逐步显现，当颗粒展开到 10 阶时，与理想外轮廓已经很接近。

由于大规模分析计算涉及大量的土石颗粒，计算成本高昂，并且对大量土石颗粒的细观形态构建的数据获取也不容易实现。因此在一定颗粒的细观统计基础上进行大量的随机重构对于离散元数值模拟很重要。

为了更好地解决该问题，采用 PCA 方法对少量具有代表性的颗粒进行主成分统计分析。在颗粒尺寸相差不大的情况下，在球坐标中颗粒半径不做变化，该过程称为标准化，见图 5.1-7。对标准化后的颗粒再次进行球谐函数分析，求得所有扫描颗粒标准化的球谐系数。

在一定量颗粒球谐分析的基础上，可得各球谐系数的均值和标准差。对标准化的球谐

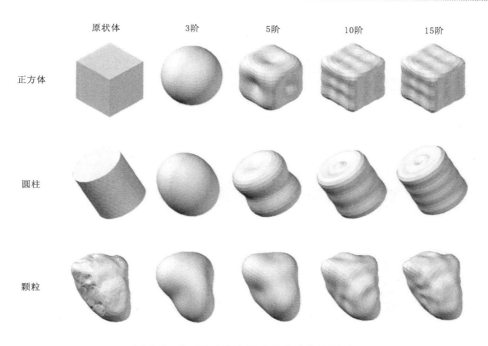

图 5.1-6 不同球谐展开阶数重构效果对比

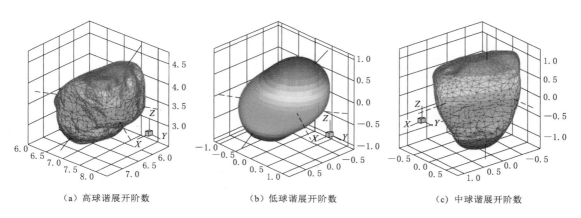

（a）高球谐展开阶数 　（b）低球谐展开阶数 　（c）中球谐展开阶数

图 5.1-7 颗粒放置位置标准化过程

系数，考虑一定的相关变异系数即可生成随机重构颗粒，此时生成的随机颗粒具有标准化颗粒的相关特征。

图 5.1-8 中为采用以上规则随机产生的 25 个随机重构颗粒，与统计数据相比，随机重构颗粒具有统计颗粒的主要特征，在细节上存在差异。图 5.1-9 为统计颗粒与随机重构的 100 个颗粒的棱度与球度统计关系图，可以发现随机重构所得的 100 个颗粒与统计颗粒的趋势线大体一致，说明在外轮廓特征上具有较高的相似性，由此可以作为物理力学参数大体一致的同类颗粒进行数值模拟。这一方法很好地解决了大量随机构建不规则颗粒的问题，有效地替代了直接采用圆球的颗粒构建方法。

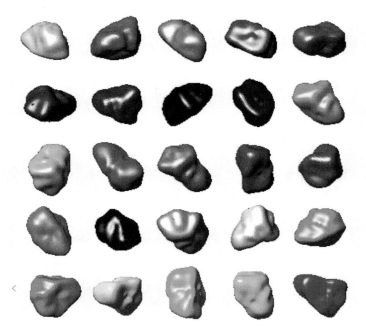

图 5.1-8　随机重构颗粒生成图

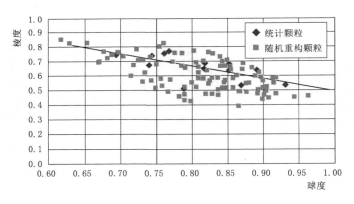

图 5.1-9　棱度与球度统计关系图

5.1.5　细观颗粒随机外推重构技术研究

1. 基于二维傅里叶分析的三维颗粒外推重构方法

粗粒土、砂土都是常见的细观介质。在分析其变形机理时，构造这些细观介质的轮廓非常有意义。根据以上的颗粒轮廓构造方法，在典型位置取砂、卵石等典型试样，利用激光扫描等技术获得基准轮廓，此处选用傅里叶分析来进行随机颗粒构造，三维随机颗粒构造流程见图 5.1-10。

（1）图 5.1-10（a）选取形态接近的系列颗粒，如砂、卵石、碎石，用于颗粒轮廓分析。

（2）将所有基准颗粒的中心坐标平移至原点，将颗粒径向半径等比例缩放，令颗粒体积为1.0，该过程称为归一化。

（3）设置切面数目，将所有颗粒依次利用平面进行轮廓切割，得到轮廓线集，图5.1-10（c）为采用3个正交切面得到的各颗粒轮廓线。

（4）利用各傅里叶系数的统计参数，随机生成个剖面上的随机轮廓线，测出全颗粒的外轮廓，图5.1-10（e）为随机构造的重构颗粒，其统计参数可与天然颗粒有较好的相似性。

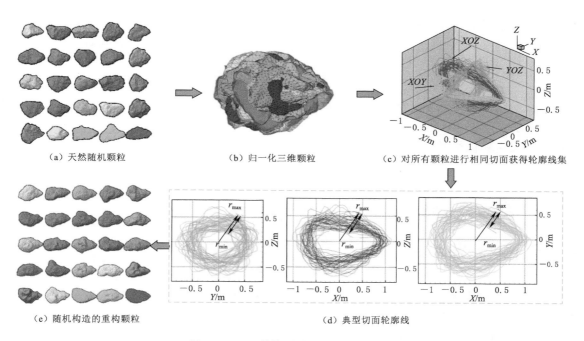

（a）天然随机颗粒　　　　　（b）归一化三维颗粒　　　　（c）对所有颗粒进行相同切面获得轮廓线集

（e）随机构造的重构颗粒　　　　　　　　（d）典型切面轮廓线

图5.1-10　散体颗粒识别与构造技术

该方法构造的随机颗粒，其外轮廓粗糙程度取决于纵向控制剖面的数目和基准颗粒轮廓数据，在后者一定的条件下，纵向控制剖面数目越多，则颗粒越粗糙，见图5.1-11。

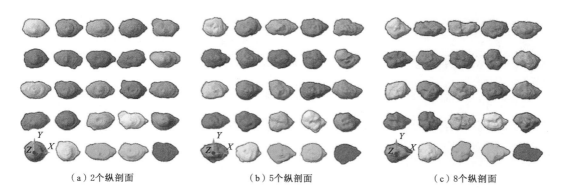

（a）2个纵剖面　　　　　　　（b）5个纵剖面　　　　　　　（c）8个纵剖面

图5.1-11（一）　不同控制剖面对随机构造轮廓的效果对比

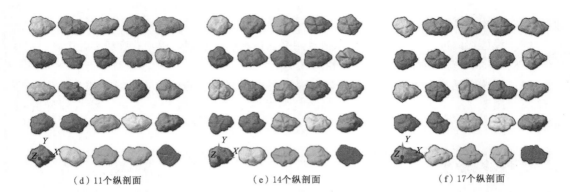

|（d）11 个纵剖面|（e）14 个纵剖面|（f）17 个纵剖面|

图 5.1-11（二）　不同控制剖面对随机构造轮廓的效果对比

2. 砂土颗粒细观特征识别与重构应用

砂土颗粒范围一般处于毫米级别，为了刻画砂土细观特征，采用图 5.1-12 中 50 个粒径 1～2mm 颗粒进行 CT 扫描，获取其外观轮廓。然后进行归一化处理（颗粒体积等比例放到体积为 1.0）进行细观信息统计，其中典型颗粒信息见表 5.1-1。

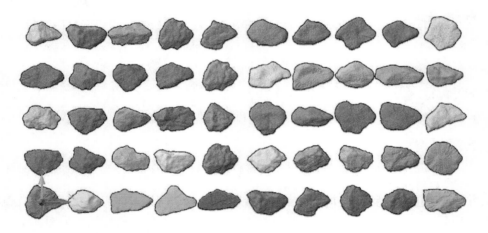

图 5.1-12　扫描颗粒外轮廓

表 5.1-1　　　　　　　　　　典型颗粒表观特征统计表

颗粒编号	平均半径/mm	最大极半径/mm	最小极半径/mm	面积/mm²	体积/mm³	球度
1	0.5922	1.0012	0.2327	5.0586	0.9999	1.0461
2	0.5995	0.815	0.4173	4.994	0.9999	1.0327
3	0.6014	1.0573	0.2287	4.999	0.9999	1.0338
4	0.603	1.0458	0.2511	4.9707	0.9999	1.0279
5	0.6014	1.035	0.319	4.9792	0.9999	1.0297
6	0.5931	0.962	0.3058	5.0421	0.9999	1.0427

颗粒编号	平均半径/mm	最大极半径/mm	最小极半径/mm	面积/mm²	体积/mm³	球度
7	0.5901	0.8967	0.304	5.0812	0.9999	1.0508
8	0.5945	0.9075	0.3034	5.0465	0.9999	1.0436
9	0.6037	0.954	0.2373	4.9743	0.9999	1.0287
10	0.5925	0.9012	0.297	5.0455	0.9999	1.0434

利用表 5.1-1 信息，随机构造颗粒见图 5.1-13，典型随机构造颗粒细观特征信息见表 5.1-2。

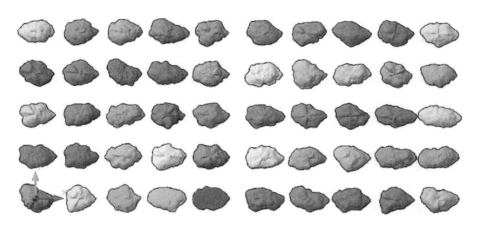

图 5.1-13　随机构造颗粒

表 5.1-2　　　　　　　　　　随机构造颗粒细观特征统计信息

颗粒编号	平均半径/mm	最大极半径/mm	最小极半径/mm	面积/mm²	体积/mm³	球度
1	0.5992	0.8532	0.4958	4.8725	1	1.0076
2	0.5756	0.9867	0.4233	4.893	1	1.0118
3	0.5908	0.8761	0.4339	4.9114	1	1.0156
4	0.5757	0.904	0.3965	4.8955	1	1.0123
5	0.5975	0.7677	0.481	4.9388	1	1.0213
6	0.5928	0.83	0.4406	4.886	1	1.0104
7	0.5364	1.0159	0.2895	4.9227	1	1.0179
8	0.58	0.9964	0.4357	4.8921	1	1.0116
9	0.598	0.9079	0.499	4.8957	1	1.0123
10	0.5861	0.8883	0.4414	4.9285	1	1.0191

颗粒流主要采用圆盘或者球体作为基本要素，通过局部的颗粒接触特性反映宏观介质的力学性质，也可以采用多个圆盘（球）聚集在一起，模拟复杂细观特征颗粒的运动、摩

擦、破坏特性，因此它属于细观分析方法。

颗粒离散元最常用的建模方法是膨胀法，该方法先在指定区域内生成小颗粒，然后增大颗粒半径产生接触力，迫使颗粒运动，直到充满模型区域。但采用该方法构建模型时膨胀系数难以控制，常常造成颗粒间有较大的重叠，颗粒间、颗粒与边界约束间的内力较高。虽然当颗粒间的内力小于指定的黏结力或者有边界约束时，仍可用于模拟连续介质的性质。但是分析边坡滑坡、介质破坏等动力学行为时，若颗粒重叠量较大，颗粒间黏结力不足以约束颗粒，颗粒间应变能的瞬间释放就会造成大量颗粒飞溢出边界，产生不准确的结果。

针对这一问题，国内外诸多学者尝试采用颗粒相切条件进行数值模型的生成，并探讨了各类算法，但对于按指定密度、尺寸分布相似、适合于任意形状区域，体系中的颗粒都能处于平衡状态，同时所生成的颗粒体系具有较高的接触精度，以及与边界耦合完好的充填算法还比较困难。本节基于颗粒离散元原理，研究各类数值模型的构建方法，并进行应用性对比，可实现任意形状范围颗粒填充，并可作为颗粒离散元计算的前处理模块使用；此外，形成了细观参数标定更为精确的控制流程，在此基础上开展了砂卵砾石混合介质的剪切变形特性、压缩变形特性、地震动参数变化特性分析，相应成果可为砂卵砾石混合体在复杂荷载下的变形破坏提供依据。

5.2　细观参数优化确定方法研究

5.2.1　宏细观参数标定

数值模拟效果会受到许多因素影响，比如计算模型、参数（水力参数、力学参数、温度参数等）、本构关系等。事实上，对模型合理的简化和对已有的许多岩土体本构模型的选择并非特别困难，然如何获取能够用于数值计算时岩土体的力学参数并非易事，传统的室内力学试验比如单轴压缩、三轴压缩、直剪、巴西劈裂等均能获取岩土体的宏观力学参数；然而数值模拟方法中基于连续理论的不连续方法、离散元法，尤其是颗粒离散元法中由于细观参数与实际试验得到的宏观参数间并不是一一对应关系，因此通过宏观试验现象、加载曲线作为依据来标定岩土体的细观参数是数值模拟方法不可缺少的一步。宏细观参数标定过程见图 5.2-1。

研究表明[70]采用离散元方法模拟岩石的应力-应变曲线，不仅需要合适的细观参数，还需要针对不同矿物标定不同的细观力学参数才能获得理想的效果，因此细观力学参数的标定仍需要考虑岩石的不同矿物组成。然而当前该领域研究较少，因此借助于图像识别技术获取典型花岗岩岩块的细观组成，并建立二维颗粒离散元数值试样，通过室内试验标定细观参数，给出了一种可以获取不同类型矿物细观参数的简单、快速标定流程，并基于得到的宏细观力学参数标定规律得到不同岩土体细观力学参数，此外还研究了不同细观力学组成条件对岩石宏观力学性质的影响。

1. 岩石细观组成分析与模型构建

计算机中的数字图像是由像素点构成，每个像素点均由红、绿、蓝三个分量合成。获取不同矿物组分的比例与分布情况是识别岩石材料细观结构特征的主要目标。为避免各种

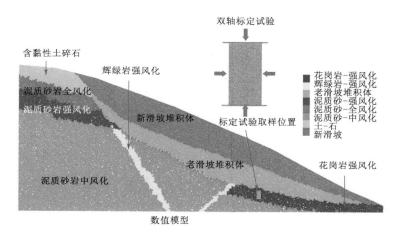

图 5.2-1 宏细观参数标定过程

因素（如光照等）对图像识别的影响，对原始图像进行灰度化、消噪、中值滤波处理，以提高不同矿物之间的对比性。图像识别是将图像划分成不同的部分和子集，提取图像中不同矿物边界的过程，可以为颗粒离散元数值模型构建提供依据。

2. 数值试样制备

在获得试样不同矿物组成的基础上，基于元胞自动机原理建立与矿物组成比例一致的二维离散元试样，使接触良好的圆盘自动演化随机生成矿物细观结构，从而近似模拟岩石的结构特征。然而数码相机拍摄的矿物图像具有唯一性，完全按照数字图像建立数值模型代表性仍然较差。因此在模型构建过程中只要矿物含量的比例、分布能够与图像基本一致就能较好地反映不同矿物组成对宏观力学性质的影响。

假定岩石中含有 T 类矿物，初始时颗粒属性默认为含量最高的矿物，其他矿物通过设置种子随机演化生成，每一种矿物第 S 个种子周围选择 i 个相互接触的颗粒进行元胞自动演化，根据矿物组分含量判断种子周围颗粒矿物类型，矿物种子周围第 i 个颗粒成为同类型矿物的概率为：

$$\eta_i = (A_i - A_S)/A_i \tag{5.2-1}$$

式中 A_i——数值试样中第 i 种矿物最终的目标面积（二维）；

A_S——该矿物产生第 S 个矿物种子时已有的面积。

这种演化过程不仅考虑了矿物生成的随机性，"聚团"效应也得到充分体现，虽然每块"聚团"的真实形状与数字图像不完全一致，但"聚团"分布是随机的，可得到矿物含量、分布与数字图像基本一致的离散元数值模型，元胞自动机演化流程见图 5.2-2，直至该种矿物含量满足要求，见图 5.2-3。

5.2.2 细观力学参数标定流程

基于 Potyondy[69] 提出的线性平行黏结模型（Linear Parallel Bond Model，LPBM）适用于模拟强胶结脆性材料的力学性质。线性平行黏结模型组成结构见图 5.2-4，由线性和平行黏结组件组成。线性组件只能传递颗粒间的弹性相互作用，不能承受拉力和转动；平行黏结组件提供黏结作用并传递颗粒之间的力和力矩，直至其接触处的相对运动超过黏结

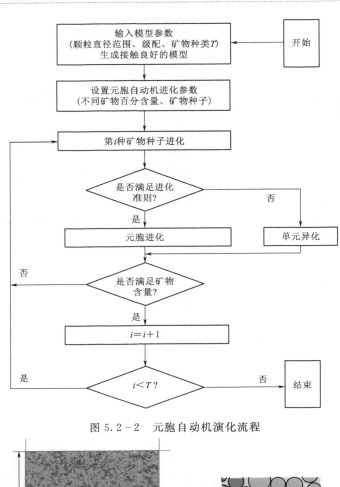

图 5.2-2　元胞自动机演化流程

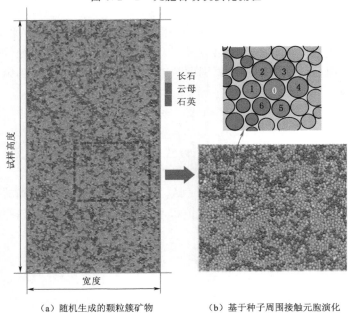

（a）随机生成的颗粒簇矿物　　　　（b）基于种子周围接触元胞演化

图 5.2-3　随机颗粒生成方法

强度，随后黏结断裂并退化为线性模型。线性平行黏结模型中力与力矩的继承关系如下：

$$F_c = F_l + F_d + F_b \qquad (5.2-2)$$

$$M_c = M_b \qquad (5.2-3)$$

式中　F_l——线性力，kPa；

　　　　F_d——阻尼力，kPa；

　　　　F_b——黏结力，kPa；

　　　　M_b——黏结力矩，N·m。

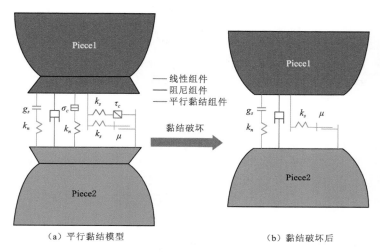

(a) 平行黏结模型　　　　　　　　　(b) 黏结破坏后

图 5.2-4　线性平行黏结模型组成结构图

在线性平行黏结模型中，线性组件由阻尼力和线性力组成。阻尼力的施加通过在计算时步中对所有颗粒应用指定的阻尼系数 α（此处中默认值 0.7）来对系统的能量进行耗散，阻尼力的大小为：

$$F_d = -\alpha \mid F \mid \mathrm{sign}(V) \qquad (5.2-4)$$

式中　$\mid F \mid$——不平衡力量级大小，kPa；

　　　$\mathrm{sign}(V)$——颗粒速度的符号（正负）。

线性力可分解为：

$$F_l = F_n^1 n_i + F_s^l t_i \qquad (5.2-5)$$

式中　F_n^1——法向分量；

　　　　F_s^l——切向分量；

　　　n_i，t_i——单位矢量。

法向和切向接触力（相对更新）分别为：

$$F_n^1 = F_{n0} + k_n g_s \qquad (5.2-6)$$

$$F_s^1 = F_{s0} + k_s \Delta \delta_s \qquad (5.2-7)$$

式中　k_n——接触法向刚度；

　　　g_s——两个颗粒重叠量；

　　　F_{n0}——初始法向接触力，kPa；

k_s——切向刚度；

F_{s0}——初始状态下的剪切力，kPa；

$\Delta\delta_s$——相对上一时步的剪切位移增量，cm。

当 $F_s > \mu F_n$ 时，令 $F_s = \mu F_n$，$\mu = \min(\mu^1, \mu^2)$ 为颗粒间的摩擦系数。为使模型体现岩石试验过程中的泊松效应，横向和纵向变形满足变形规律，这可通过设置法向与切向刚度比实现：

$$k_n = AE^* / L \qquad (5.2-8)$$
$$k_s = k_n / k^* \qquad (5.2-9)$$
$$A = 2rt \quad t = 1 \qquad (5.2-10)$$
$$L = R^{(1)}（球墙接触）；L = R^{(1)} + R^{(2)}（球-球接触）$$

式中　　　r——球-球或者球体与墙体的接触半径，cm；

$R^{(1)}$，$R^{(2)}$——两个接触颗粒的半径，cm；

E^*——线性组件中的有效模量；

k^*——法向与切向接触刚度比。

平行黏结组件部分的平行黏结力和力矩的大小为：

$$F_i^b = F_n^b n_i + F_s^b t_i \qquad (5.2-11)$$
$$M^b = M_n^b n_i + M_s^b t_i \qquad (5.2-12)$$

式中　　　　　　　　　　F_n^b，F_s^b——法向和切向黏结力，kPa；

M_n^b，M_s^b——扭矩和弯矩，二维时扭矩为 0；

$M_s^b = M_n^b - k_n I \Delta\theta_s$，$I = 2/3R^3 t (t=1)$——黏结截面的惯性矩；

$\Delta\theta_s = (w_s^2 - w_s^1)\Delta t$——弯曲相对旋转增量；

w_s^1、w_s^2——两个接触颗粒同一方向（逆时针）的旋转量。

5.2.3　参数标定依据

在岩石数字图像拍摄处的位置，钻取三组 $50\text{mm} \times 100\text{mm}$ 试样，进行室内常规单轴压缩力学试验，得到岩石基本应力-应变曲线，见图 5.2-5。

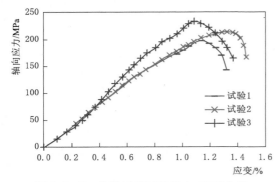

图 5.2-5　单轴压缩试验应力-应变曲线

考虑到室内试验结果存在一定的离散性，选取试验 2 的应力-应变曲线位作为标定目标。单轴压缩条件下得到宏观杨氏模量 E 为 21.04 GPa，单轴抗压强度（UCS）为 216.43MPa，泊松比为 0.22。除此之外，还进行了三组巴西劈裂试验，获得的巴西劈裂强度（BTS）分别为 15.31MPa、19.96MPa、16.45MPa，UCS 与 BTS 之比为 13.0～15.0。

目前对岩石材料宏细观参数关系的基本认识为：①细观黏结模量 $\overline{E}^*$ 与宏观杨氏模量（E）相关；②刚度比 k^* 与岩石弹性变形阶段的泊松比相关；③法向与切向黏结强度的比值与数值试验宏观破坏模式密切相关。黏结破坏前平行黏结组件参数同时影响试样在压缩、拉伸条件下的力学行为，黏结破坏后模型退化为线性组件，其只影响受压时试样的力学行为，细观黏结有效模量 E^*、刚度比 k^* 取值与平行黏结组件相同。基于细胞自动机方法制备的离散元数值试样模型尺寸为 $2\text{m}\times4\text{m}$（宽×高），颗粒采用 $5\sim10\text{mm}$ 的圆盘，共 35794 个，根据伺服机制采用 1MPa 围压对试样进行压紧，接触间隙按照 1E-3 激活获得 81935 个接触。具体标定流程如下：

（1）LPBM 中的充填物-基质黏结强度比由室内试验得到的压拉强度比确定。以含量较多的长石为基质，石英和云母为填充物，通过改变充填物-基质黏结强度比分析试样单轴压缩与拉伸强度比（压拉强度比）随细观黏结强度比的变化规律，其他参数按照经验取值并保持不变，得到的结果见图 5.2-6。脆性岩石的抗压强度与抗拉强度的比值在 $8.0\sim$ 15.0 之间，由图可知其细观充填物-基质强度比应处于 $0.1\sim0.2$ 之间，所以选取石英与长石的黏结强度比为 0.15，石英与云母黏结强度比为 0.12。

（2）根据宏观杨氏模量标定单轴拉伸数值试验细观黏结有效模量。基于对石英、长石、云母宏观变形难易程度的认识，石英、长石抵抗变形能力接近，且比云母抵抗变形能力强。假定云母、长石、石英的细观模量比为 1:1:0.2，线性组件中的黏结有效模量初始设置为较小值，通过等比例改变不同矿物黏结有效模量 $\overline{E}^*$ 的大小，其他参

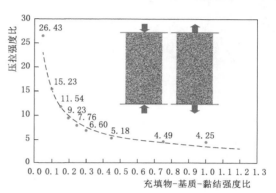

图 5.2-6　不同细观充填物基质黏结强度比与压拉强度比变化规律

数保持不变进行单轴拉伸试验，拟合得到宏观杨氏模量与石英黏结有效模量的关系式：

$$E = 0.673\overline{E}^* + 0.207 \tag{5.2-13}$$

式中　E——宏观杨氏模量，GPa；
　　　$\overline{E}^*$——石英黏结有效模量，GPa。

由试验测得 $E=21.04\text{GPa}$，可求得石英黏结有效模量为 30.96GPa。

（3）固定黏结有效模量值，等比例改变线性组件中不同矿物有效模量进行单轴压缩试验，拟合得到宏观杨氏模量与有效模量关系：

$$E = 0.211E^* + 19.007 \tag{5.2-14}$$

式中　E——宏观杨氏模量，GPa；
　　　E^*——线性组件中石英的有效模量，GPa。

已知宏观杨氏模量为 21.04GPa，可求得 $E^*=9.64\text{GPa}$。

（4）假定花岗岩内部不同矿物的刚度比相同，标定影响宏观泊松比大小的细观参数法向与切向刚度比 k^*，改变 k^* 的大小进行单轴压缩，拟合得到泊松比 μ 与 k^* 的对应关系：

$$\mu = 0.0815k^* + 0.0024 \tag{5.2-15}$$

将泊松比 $\mu=0.22$ 代入公式（5.2-14），求得 $k^*=2.7$。

（5）通过改变矿物颗粒法向与切向黏结强度比（$\overline{\sigma}_c/\overline{\tau}_c$）研究数值试样破坏形式。通过设置颗粒体系的法向与切向黏结强度比分别为 0.5、1.0、2.0，得到的破坏形式见图 5.2-7。从图中可以看出，法向与切向黏结强度比越大，颗粒间出现剪切破坏的趋势

越明显；比值越小时，颗粒间出现法向破坏的概率越大；Potyondy[69] 认为在花岗岩中不能完全排除微张拉裂隙的存在，张拉和剪切微裂隙均可能出现，应设置法向黏结强度等于切向黏结强度，因此此处取法向与切向黏结强度比为 1.0 并保持该值不变。

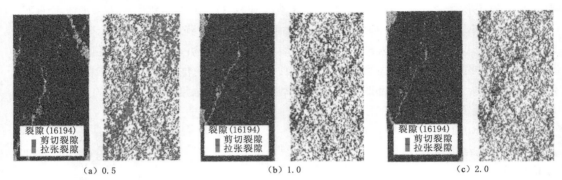

图 5.2-7　不同法向-切向黏结强度比的破坏形式

（6）假定初始状态时切向和法向黏结强度的大小均为 100MPa，在此基础上同时乘以 0.1、0.3、1.0、1.5、3.0、4.0、5.0 进行单轴压缩数值实验，可得到 UCS 与切向黏结强度的关系：

$$UCS = 0.612\overline{\tau_c} + 24.82 \qquad (5.2-16)$$

将试验峰值强度 216.43MPa 代入公式（5.2-16）得张拉和剪切强度为 312.43MPa。

（7）由于各参数间也会相互影响，根据实际模拟值对参数进行微小的调整，得到花岗岩不同组分的细观模型参数标定结果，见图 5.2-8 和表 5.2-1。

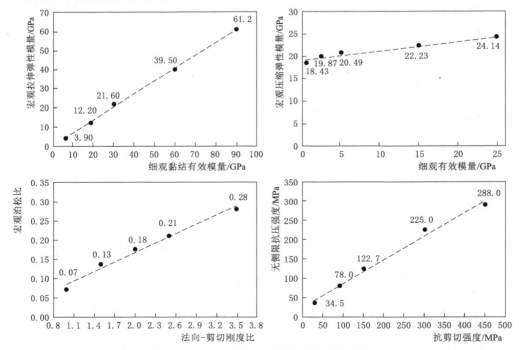

图 5.2-8　宏观与细观模型参数拟合规律

表 5.2 - 1 　　　　　　　　　　　不同组分的细观模型参数标定结果

矿物组成	线性有效模量 E^*/GPa	平行黏结有效模量 $\overline{E}^*$/GPa	法向与切向刚度比	法向与切向黏结强度比	法向黏结强度/MPa	切向黏结强度/MPa
云母	1.9	6.8	2.7	1.0	49.6	49.6
石英	7.5	28.0	2.7	1.0	66.2	66.2
长石	9.6	32.0	2.7	1.0	332.5	332.5

单轴压缩数值试验与室内试验应力-应变曲线对比结果见图 5.2 - 9 （a），得到 $E = 20.5\mathrm{GPa}$，$UCS = 225.54\mathrm{MPa}$，这些结果与试验 2 试验结果获得的宏观杨氏模量 21.04GPa、单轴强度 216.43MPa 比较吻合。除此之外，为了与室内的巴西劈裂试验结果进行对比验证，进行了巴西劈裂数值模拟试验，这是由于单轴拉伸强度直接与室内劈裂巴西劈裂强度对比并不能较好地说明数值计算参数标定结果。另外，巴西劈裂数值试验获取的巴西劈裂强度为 16.7MPa，巴西劈裂圆盘模型见图 5.2 - 9 （b）。二维圆盘模型的微裂纹分布表明微拉伸裂纹的扩展是数值试样的主要破坏模式，与试验中观察到的现象相似。

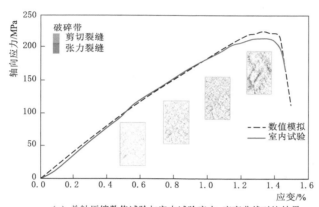

（a）单轴压缩数值试验与室内试验应力-应变曲线对比结果

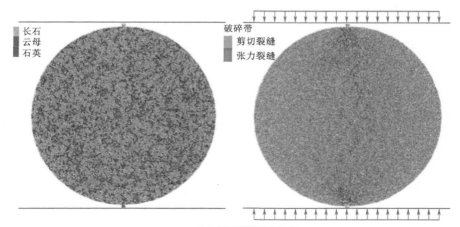

（b）巴西劈裂圆盘模型

图 5.2 - 9　单轴压缩数值试验与室内试验对比

5.3　砂卵砾石混合介质强度代表性体积单元研究

砂卵砾石混合体是一种非常复杂的不连续散体介质，其力学特征较传统土力学和岩石力学复杂。对于二元介质试件模型的力学参数研究，利用数值模拟获得其力学参数的方法越来越被关注。随着数字图像处理技术在岩土工程中的发展，数值模型可以基于相应的原位图像建立起来，以此可对砂卵砾石混合体进行数值模拟研究，分析评价其力学参数。也有学者基于元胞自动机模型的沉积物数值试样制备方法，以此来研究砂卵砾石混合体的等效力学参数。选取的试件中不同含石量、不同粒径石块分布，得到的力学参数分布亦不同。强度代表体积（Representative Elementary Volume，REV）是岩土体力学性质尺寸效应的客观反映，是工程中岩土体力学参数选取的一个基本问题。从理论上讲，进行现场试验或数值模拟试验时，只有所研究的工程岩土体范围大于等于这个体积时，现场或数值模拟试验成果才能反映真实岩土体的性质。针对某大型河床砂卵砾石工程的典型颗粒组分，考虑含石量和粒径含量比率，利用随机集合体构造（Random Aggregate Structure，RAS）方法生成砂卵砾石混合体概念模型，通过编制程序可实现几何模型并最终生成数值模型，分析其 REV 尺度，并在此基础上得出等效强度参数。

该方法也可为室内缩尺试验、大尺度试验及原位现场试验提供可靠借鉴和参考。采用该方法可以获取实际研究对象的颗粒级配组成、相应的等效强度参数、模量等变形参数及水文地质参数，也可求得对应的代表体积，为宏观尺度计算分析和评价提供有益的支撑和参考。

5.3.1　随机模型建立

以某大型河床砂卵砾石工程为例，河床由典型灰褐色碎石质砂土、粉土、碎石、块石组成，主要成分为变质砂岩、板岩，块石呈棱角或微圆状，碎石呈近似圆状。含石量约50%，由直径 5～20cm 的块石构成，含少量直径小于 5cm 的碎石，局部有约 30cm 直径的块石呈现，其间主要由砂粉土及少量黏土充填，呈稍密～中密状。

通过随机集合体构造（RAS）方法编制程序，首先生成域边界，按块体粒度分布特征进行排列，设定块体的最大边数和最小边数，以随机生成的半径 r_i、初始角度 θ_i 及角度增量 ϕ_i 来构造颗粒轮廓，在极坐标中实现颗粒构成，见图 5.3－1，可以反映块体形状、边界大小及含石量情况，细节参数包括块体间夹层率、角度变幅、粒径分布及各粒径块体所占块体总量比例设定等。

设定试件的含石量为 50%，粒径为 0.03～0.05m 的石块占石块总量的 20%，0.05～0.20m 范围石块占 70%，0.20～0.30m 范围石块占 10%。在 1.0m×1.0m 边界范围内随机生成 4 个模型试件，进行 REV 尺度计算，见图 5.3－2 和图 5.3－3，边界尺寸分别为 0.5m×0.5m、1.0m×1.0m、2.0m×2.0m 及 3.0m×3.0m，并通过程序编制，直接生成对应的网格数值模型（图 5.3－4）。

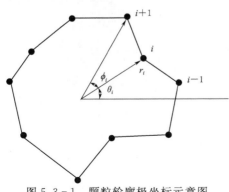

图 5.3－1　颗粒轮廓极坐标示意图

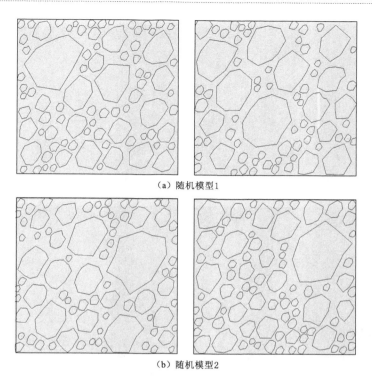

（a）随机模型1

（b）随机模型2

图 5.3-2 随机生成的模型试件

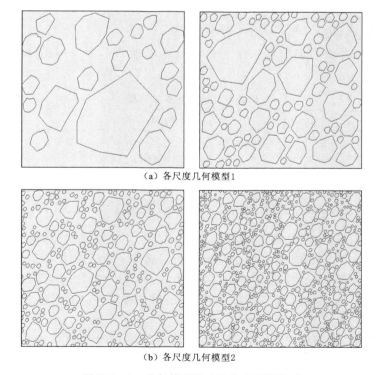

（a）各尺度几何模型1

（b）各尺度几何模型2

图 5.3-3 几何模型尺寸选取及程序生成

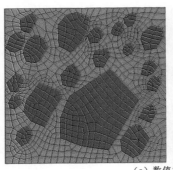
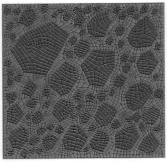

（a）数值模型1

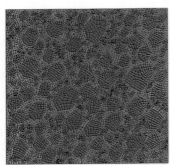

（b）数值模型2

图 5.3-4　数值模型程序生成

5.3.2　强度代表体积

模型中土体和岩块均选用莫尔库仑弹塑性本构模型，岩块与土体力学参数选取见表 5.3-1。

表 5.3-1　　　　　　　　　　　岩块与土体力学参数选取

岩土类别	力　学　参　数				
	密度 /(kg/m³)	体积模量 K/MPa	剪切模量 G/MPa	黏聚力 c/kPa	内摩擦角 φ/(°)
土体	1800	7.3	3.4	22.3	16.3
岩块	2200	34.0	11.3	45.0	33.0

针对该研究对象，选取边长分别为 0.2m、0.3m、0.4m、0.5m、0.6m、0.8m、1.0m、1.2m 共 8 个尺度的模型，每个尺度模型生成 5 个随机试件，基本能够反映本试件尺度的强度特性，同时分别进行 0MPa、0.5MPa、1MPa、3MPa 和 5MPa 共 5 组不同围压下的三轴压缩试验，共进行 8×5×5=200 组三轴压缩试验，统计不同围压下破坏强度值与试件尺寸的关系。

通过计算发现，试件尺寸越小，强度离散性越大，当尺寸到 0.8m×0.8m 时强度离散性变小，继续增大试件尺寸则离散性进一步减少，当增大到 1.0m×1.0m 和 1.2m×1.2m 时，强度值差别可以忽略，此时随机砂卵砾石混合体破坏强度值基本一致，各围压情况下规律均是如此，故认为其强度代表体积尺度为 $1.0m \times 1.0m$，以单轴情况下破坏强度与试件尺寸关系为例（图 5.3-5），当试件边长大于强度代表体积 1m 时，试件破坏强度值基本不发生变化。

如果不考虑强度代表体积，选取试件边界尺寸小于 $1.0m \times 1.0m$，可能会造成较大误差，针对本研究情况，同样以单轴情况为例，试件边长选取 0.2m、0.3m、0.5m 时，破坏强度均值较 1.0m 时分别增大 39.4％、28.9％和 9.2％，误差随试件边长变化曲线见图 5.3-6。

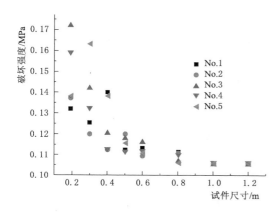

图 5.3-5 试件尺寸与破坏强度的关系

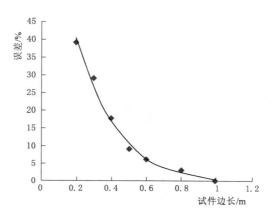

图 5.3-6 误差随试件边长变化曲线

5.3.3 强度参数分析

在低围压条件下，岩土体强度包络线为直线，见图 5.3-7，此时等效强度参数为：

$$\left.\begin{aligned}\varphi_e &= \arcsin \frac{(\sigma_1 - \sigma_3)_{i+1} - (\sigma_1 - \sigma_3)_i}{(\sigma_1 + \sigma_3)_{i+1} - (\sigma_1 + \sigma_3)_i} \\ c_e &= \frac{\sigma_1 - \sigma_3}{2\cos\varphi_e} - \frac{\sigma_1 + \sigma_3}{1}\tan\varphi_e\end{aligned}\right\} \qquad (5.3-1)$$

式中　φ_e——砂卵砾石混合体等效内摩擦角，（°）；

$\quad\quad c_e$——砂卵砾石混合体黏聚力，kPa；

$\quad i+1$、i——两次围压不同的三轴强度试验模拟计算；

$\quad\sigma_1$、σ_3——每个莫尔圆中最大正应力和最小正应力，kPa。

通过代表尺度和强度包络线，抗剪强度参数选取具有代表性，可以用于大型滑坡沉积物稳定性分析计算中。试件在不同围压下的应力-应变曲线见图 5.3-8，基本表现出理想的弹塑性规律，随着围压的增大，有整体硬化趋势。对比塑性区分布（图 5.3-9），计算至 15000 步时块石基本未出现塑性区，发生屈服的基本为石块间填充的土体，表现出"欺软怕硬"的特性，塑性区有明显地绕过坚硬石块的趋势，应力传递规律复杂，土体和石块同时承受相应的应力，土体首先发生屈服，石块与土体接触部位构成的内部薄弱地带会发生滑移错动。

计算至 30000 步时，塑性区进一步扩大，塑性区斜向贯穿部分石块，中部块体发生屈服，产生了连续贯通的塑性区，直至延伸所有块体。

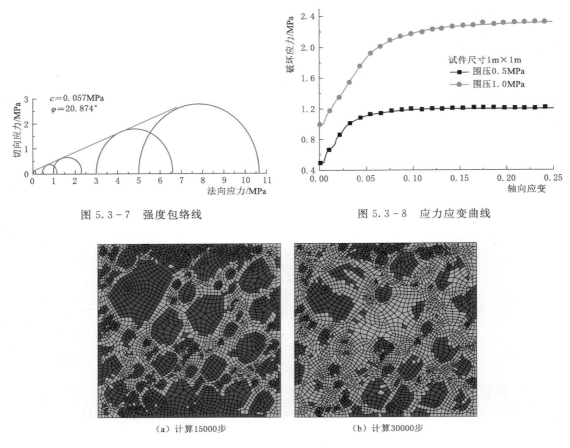

图 5.3－7　强度包络线　　　　　　　　　图 5.3－8　应力应变曲线

（a）计算15000步　　　　　　　　　　（b）计算30000步

图 5.3－9　塑性区分布图

在不同粗颗粒含量和粒径分布情况下的岩土体具有不同的强度、变形特性，针对具体工程地质情况应分析相应的强度代表体积，等效力学参数应基于该尺度进行研究，所得结论才有意义。在具体工程中，应以地质勘察为基础，得到反映整体性的二元介质分布规律，以此研究代表力学尺度，得到合理的力学参数；由于所研究对象具有针对性，所采用方法可应用至类似工程中，可为工程设计人员提供有益的参考。

5.4　砂卵砾石混合介质剪切变形特性研究

砂卵砾石混合体由于其颗粒粒度变幅剧烈，级配复杂且难以控制，其强度和变形指标亦随颗粒组成、块石分布、含石量、胶结程度、含水率变化而变化较大，因而造成砂卵砾石混合体力学参数确定困难。

尽管如此，多年来国内外学者依旧采用了许多方法对土石混合体这种特殊地质介质的特性进行了研究。Holtz et al.[70] 通过对砂卵砾石混合体进行试验，发现只有这类满足尺寸与颗粒级配要求的土石混合介质才能够反映土体实际情况；Chandler[71] 也通过试验得出当试样中含有异常大砾石时其强度值会大幅提高，但这并不是试样的真实强度；Lindquist et al.[72-73] 通过对土石混合体进行室内试验和现场试验，发现混合体的抗剪强度与块石含量有关；徐文杰等[74] 运用数字图像处理技术对砂卵砾石混合体的力学性质进行了研究。这些研究均表明块石含量、岩性、颗粒级配组成以及细粒物质组成等在很大程度上影响着混合介质的物理力学性质，尤其是抗剪强度特征。但是不管是室内的三轴试验、室内大剪切还是室外原位试验，由于试样存在一定的随机性及试验条件的限制，这些方法均不能准确测定相关的强度和变形参数，难以为实际工程提供砂卵砾石混合体的综合强度变形指标。此外，试验成本高、可重复性差更是加大了研究难度。因此，寻找一种经济有效的参数确定途径对了解砂卵砾石混合体这类介质力学特性具有十分重要的意义。

由于砂卵砾石混合体是一种非常复杂的不连续散体介质，因此采用非连续的颗粒离散元数值模拟技术优势明显。本书通过现场试验颗粒粒度累计曲线建立了三维颗粒离散元直剪试验模型，探讨了不同参数和正压力下的剪胀率，分析了岩性、级配、块石含量对砂卵砾石混合体力学性质的影响。

5.4.1 直剪模拟系统

颗粒离散元 PFC3D，即三维颗粒流程序，是通过离散单元法来模拟圆球形颗粒介质的运动及其颗粒间的相互作用。它采用数值方法将材料分为有代表性的颗粒单元，期望利用局部模拟的结果来研究连续性本构计算的边值问题。目前，它已逐渐成为模拟固体力学和颗粒流问题的一种有效手段。此处通过颗粒离散元 PFC3D，结合砂卵砾石混合体现场试验数据建立了模拟不同含石量、岩性及颗粒级配组成的砂卵砾石混合体的大型直接剪切试验模型。

1. 剪切盒模型

根据室内大型直剪试验的规格，剪切盒尺寸为 60cm×60cm×50cm（长×宽×高），上、下剪切半盒高度均为 25cm。在试验时保持下剪切半盒不动，推动上剪切半盒匀速运动，同时使用伺服加载机制保持正应力恒定。此外，模型采用 PFC3D 中 Wall 模拟剪切试验外墙，并认为外墙是刚度远大于土石颗粒刚度的刚性体。

2. 混合介质颗粒

颗粒离散元 PFC3D 中土、石均使用圆球颗粒近似模拟，而实际上砂卵砾石混合体一般是不规则的，均存在一定的棱角，且其颗粒间的接触模式与球形颗粒接触亦有所不同（实际颗粒间不容易产生滚动），故为了更准确地模拟砂卵砾石混合体的力学性质，可通过不断地调整球形颗粒间的摩擦系数来近似模拟，颗粒的摩擦系数越大，则颗粒可认为越粗糙，模型颗粒间的接触模式亦越接近于实际试样。

砂卵砾石混合体中土石构成是一个相对的概念，工程中断面规模及尺寸变化均会使砂卵砾石混合体内部结构发生相应变化。因此，砂卵砾石混合体不同于传统概念中粉土、黏土等细粒土体，其粒度范围随着研究尺度的变化而变化，粒径上限也可能由几毫米达到几十厘米。故要研究砂卵砾石混合体的内部细观结构，首要问题便是确定一定研究尺度范围内土石粒径的分界阈值。Medley et al.[75]、Linquist et al.[72] 在对旧金山等地分布的砂卵砾石混合体的研究中发现，砂卵砾石混合体具有很重要的一个性质——比例无关性

（Scale‐independence），并定义土石的划分判据为：

$$f=\begin{cases}R & d\geqslant d_{thr}\\ S & d\geqslant d_{thr}\end{cases} \tag{5.4-1}$$

其中
$$d_{thr}=0.05L_c \tag{5.4-2}$$

式中　R——块石半径，cm；

$\quad\quad S$——土颗粒半径，cm；

$\quad\quad d$——块体粒径，cm；

$\quad\quad d_{thr}$——土石阈值；

$\quad\quad L_c$——研究区域的特征尺寸，对于长方体试件取为 3 个方向的最小尺寸。

为匹配室内直剪试验剪切盒尺寸，本次模拟最大颗粒粒径限定为 60mm。由于相同体积下颗粒数量随着颗粒半径减少呈几何指数增加，尤其当颗粒数量多于 30000 时，计算机的计算效率显著降低，因此为减少计算时间，颗粒半径亦不可太小。根据徐文杰等[76] 的研究成果，此处以 20mm 作为土石阈值，将小于该粒径的颗粒默认为土，这样颗粒数目可以得到控制，从而使得计算时间较合理。模型设定混合介质的孔隙度为 0.35，由于砂卵砾石混合体中土-石颗粒分布不可能一次达到要求，因此可先根据最初级配组成生成孔隙度低于设定值的一定数量的颗粒，然后通过同比例放大半径直至达到要求。此外，由于生成后的颗粒可能会有一定的重叠量，造成颗粒组合体的应力分布不均，还需对颗粒初始能量进行释放并通过重新排列方可使各处孔隙度近似一致，因此，此处采用 PFC3D 中的 FISH 语言编程进行了初始应力调整。

3. 室内试验数据

取典型砂卵砾石试样，含石量介于 30%～70% 之间，岩块组成主要为灰岩和玄武岩，内部块石尺寸较大，但具有一定的磨圆度。由于受内部组成物质岩块尺寸的影响而难以成样，且现场试验条件困难等因素，因此只是现场取样进行了 4 组重塑样的直接剪切试验，第一组为颗粒小于 20mm 的"纯土"重塑样，第二组、第三组、第四组分别为含石量 30%、50%、70% 的重塑样。图 5.4-1～图 5.4-4 分别对比了不同含石量下重塑样直剪试验和数值模拟试验的剪应力-剪切位移特征曲线。

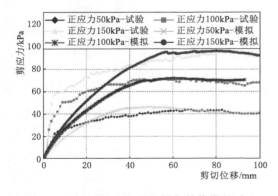

图 5.4-1　"纯土"重塑样与数值模拟对比

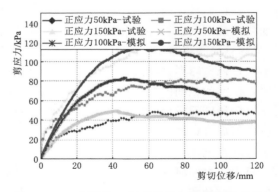

图 5.4-2　含石量 30% 重塑样与数值模拟对比

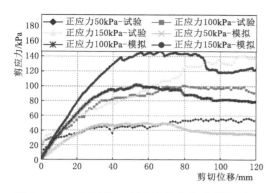

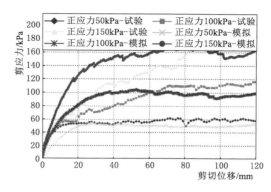

图 5.4-3 含石量 50%重塑样与数值模拟对比　　　图 5.4-4 含石量 70%重塑样与数值模拟对比

5.4.2 颗粒细观力学参数

采用颗粒流方法进行数值模拟首先需要对细观参数进行标定，即设置合适的细观参数使得其宏观性质与宏观参数相匹配。根据 Cundall et al.[77] 提出的参数标定流程，一般采用双轴压缩试验得到单轴抗压强度（UCS）、杨氏模量和泊松比、黏聚力与内摩擦角，并采用优化方法使得宏观特征与试验相吻合。但砂卵砾石混合体混合介质主要为散体颗粒，试验资料亦为直剪试验，因此可直接采用重塑样剪应力-位移特征曲线进行标定。颗粒材料在直剪试验过程中受颗粒构成、几何形状、分布的影响，岩石颗粒杨氏模量一般可认为保持不变，而接触刚度与颗粒半径则线性相关，因此，此处数值试验采用改变颗粒弹性模量进行，而介质刚度可通过公式（5.4-3）和公式（5.4-4）进行估算：

$$E_c = \begin{cases} k_n/2t & \text{二维颗粒圆盘模型} \\ k_n/4R & \text{三维颗粒流球模型} \end{cases} \tag{5.4-3}$$

$$\overline{E_c} = \{k_n(R^{(A)}+R^{(B)}) \tag{5.4-4}$$

式中　k_n——颗粒法向刚度；

R——颗粒半径，cm；

t——圆盘厚度。

对于典型案例的砂卵砾石混合体颗粒细观参数取值，由于泥质胶结能力差，重塑样的胶结强度可忽略不计，因此数值模拟直剪试验主要受颗粒法向和切向刚度以及颗粒粗糙度 f 控制。刚度取值采用宏观弹性模量与泊松比试算得到，而颗粒粗糙度不仅与块石的形状有关，还与含石量等因素密切相关，图 5.4-5 为颗粒摩擦系数与直剪强度参数关系曲线。据此判断，不同含石量下的混合介质颗粒摩擦系数是不同的，需要调整颗粒摩擦系数以适应含石量，从而使结果更加逼近室内试验。

不同含石量下重塑样室内试验所得物理力学参数见表 5.4-1。在构建数值模型时，土颗粒认为是剔除 20mm 以上颗粒的散体，因此属于相对的"土"颗粒。为了提高数值模拟计算效率，采用 18~22mm 自动生成，其颗粒间滑动摩擦系数取 0.6。在不同含石量下通过刚度值试算所得数值模拟曲线与试验曲线进行对比校正，最终确定的土石颗粒细观参数（表 5.4-2），可使数值模型试验结果与重塑样相一致。

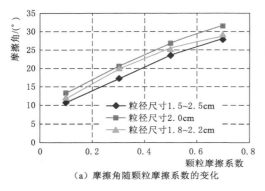
（a）摩擦角随颗粒摩擦系数的变化

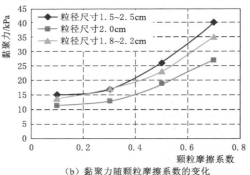
（b）黏聚力随颗粒摩擦系数的变化

图 5.4-5 颗粒摩擦系数与直剪强度参数关系曲线

表 5.4-1 不同含石量下重塑样室内试验物理力学参数

含石量	纯土	30%	50%	70%
内摩擦角/(°)	26.5	34.9	40.1	46.0
黏聚力/kPa	25	20	15.9	12.1

表 5.4-2 土石颗粒细观参数

颗粒	切向与法向刚度比	法向刚度/(MN/m)	不同含石量颗粒摩擦系数				颗粒密度/(kg/m³)
			纯土	30%	50%	70%	
土粒	1.0	5	0.6	1.0	2.2	3.0	2700
岩块	1.0	500	0.6	1.0	2.2	3.0	2700

5.4.3 直剪试验数值模拟

1. 直剪试验

直剪试验（图 5.4-6）采用固结快剪方式，为保证整个剪切过程稳定须采用较小的剪切速度，此处控制加载速度为 0.1mm/s，运行时间步以小于程序计算确定的最小时间步为准，根据试算结果，取为 5×10^{-7}s。直剪试验模拟分为五个步骤进行，即剪切盒生成→级配混合料生成→生成均布低应力→施加垂向正应力→推动剪切盒剪切。在剪切过程中，正应力采用墙体伺服保持不变，推动上半剪切盒向右侧移动，除伺服 Wall 和移动 Wall 外其他剪切盒面均固定，则上部伺服 Wall 的变形曲线即为剪胀曲线，移动 Wall 的位移即为剪切位移。

2. 确定剪切屈服面

为了确定剪切屈服面的位置，以模型内所有颗粒在达到初始应力时位置为基准，与剪切应变达到 15% 时剪切盒内颗粒位置进行对比，并在垂直方向上采用宽度值逐步加密的统计方法，计算颗粒速度（变形）平均值，得到剪切过程中不同位置颗粒速度统计曲线，见图 5.4-7。由于土石颗粒尺寸的不同，不同颗粒间的咬合能力不同，砂卵砾石混合体的剪切屈服面并非圆滑的平面（图 5.4-8），而是受屈服面粒径尺寸的影响，存在一个剪切带，剪切带内变形以设计平面为中心呈 S 形变化。当剪切带范围内的速度急剧变化，颗粒粒径大于2倍最大粒径时，速度基本一致，这表明剪切带的宽度大致影响两倍最大粒径范围。

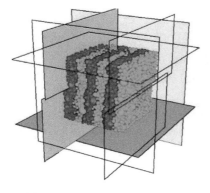

图 5.4-6　直剪试验模拟系统

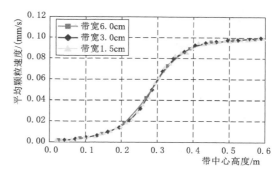

图 5.4-7　剪切过程中不同位置颗粒速度统计曲线

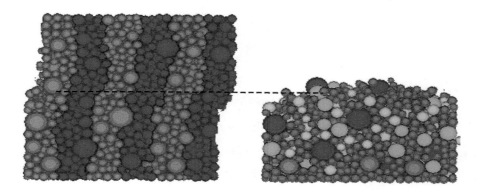

图 5.4-8　剪切过程中颗粒变位对比及剪切面

　　与颗粒随机分布的剪切面相比［图 5.4-9（a）］，大颗粒越多［图 5.4-9（c）］，则更容易在剪切面附近出现较大的坑槽，而当块石尺寸较小时，则剪切面相对较平整。这表明当块石尺寸较大时，大颗粒翻转与错位需要的接触力则越大，其变位将影响更远区域的颗粒，从而使得峰值强度提高、剪切强度增大，这与实际情况是一致的。

5.4.4　数值模拟试验结果分析

1. 剪应力-剪切位移特征曲线

　　典型剪应力-剪切位移特征曲线见图 5.4-1～图 5.4-4，在初始剪切阶段剪应力与剪切位移近似呈弹性变化，其变形主要由颗粒间的弹性接触引起；随着剪切的进行，部分颗粒产生分离，剪切盒内颗粒开始克服阻力移动、旋转或翻越，导致介质发生剪胀，此过程剪应力-剪切位移呈现硬化特性，而峰值强度继续提高；当剪切盒内运动颗粒完全克服下伏颗粒的阻力后，承载力达到峰值；此后剪切面两侧颗粒间摩擦力呈现小范围的起伏变化，剪应力-剪切位移特征曲线出现了一定的软化现象。

　　在试样固结施加正压力后，颗粒间会存在一定的变形，并以应变能形式存储。图 5.4-10 中，在初始剪切阶段，应变能开始增加，但随着剪切的进行应变能增加至峰值

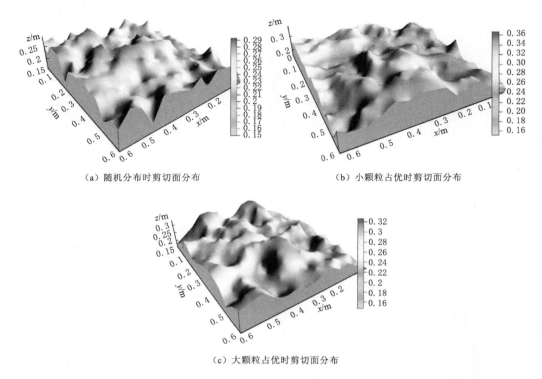

（a）随机分布时剪切面分布　　　　　　　　（b）小颗粒占优时剪切面分布

（c）大颗粒占优时剪切面分布

图 5.4-9　不同颗粒组成剪切面变化

后会逐步下降，最终接近初始剪切对应的能量值。在整个剪切过程中，颗粒间的摩擦作用逐渐明显，摩擦能不断增加，同时剪切带内局部颗粒在剪切过程中获得了一定的速度，具有了一定的动能，尤其是当剪切强度达到峰值后，动能变化较为明显，但该部分能量与前两类能量相比较小，在剪切初始阶段则更小，可忽略不计。

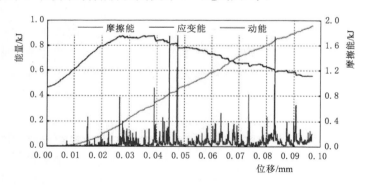

图 5.4-10　剪切试验过程中的能量变化

2. 颗粒细观参数对抗剪强度的影响

土石颗粒的刚度、介质摩擦系数对混合介质的抗剪切性能都有影响。通过对比分析不同参数下抗剪切强度指标变化（表5.4-3）可知，砂卵砾石混合体内部含石量对其力学性质具有十分重要的影响，它在某种程度上控制了滑面的形成和形态；块石的存在使得其内部滑面出现了"绕石"现象，从而使得砂卵砾石混合体剪切面较均质土体情况更为"曲折"，而块石间由于相互摩擦及咬合产生的较强咬合力是造成砂砾卵石混合体这类特殊的地质体内摩擦角较高的根源，并且该影响随着内部含石量的增大而更为明显。

表 5.4-3　　　　　　　　　　　不同参数下抗剪切强度指标变化

类别	含石量/%	土颗粒弹性模量/MPa	石颗粒弹性模量/MPa	摩擦系数	内摩擦角/(°)	黏聚力/kPa	不同正压力下剪胀率/%		
							0.1MPa	0.5MPa	1.0MPa
土颗粒刚度影响	50	5E+6	5E+8	2.2	39.6	15.7	2.59	1.54	1.31
	50	5E+7	5E+8	2.2	44.0	19.5	3.12	2.74	2.38
	50	5E+8	5E+8	2.2	47.2	31.6	3.09	2.69	2.43
石颗粒刚度影响	50	5E+6	1E+9	2.2	40.7	14.9	2.77	1.84	1.46
	50	5E+6	5E+9	2.2	42.1	14.4	3.07	2.16	1.70
摩擦系数影响	50	5E+6	5E+8	0.5	25.2	10.3	1.84	1.53	−0.03
	50	5E+6	5E+8	1.0	30.9	13.5	2.24	1.43	0.05
	50	5E+6	5E+8	2.0	40.1	15.6	2.62	1.67	1.17
含石量影响	0	5E+6	5E+8	2.2	39.8	7.2	1.59	1.55	1.36
	30	5E+6	5E+8	2.2	51.1	19.2	2.70	1.73	1.17
	70	5E+6	5E+8	2.2	32.3	25.8	2.89	1.88	1.07

在土体刚度确定的条件下，块石颗粒的刚度越大即充填块石越硬，则岩块平移、旋转或翻越的挠动影响范围将越大，从而使得剪切面亦越粗糙；而当土体颗粒刚度与块石颗粒刚度相近时剪切面则越平整。对充填的岩石颗粒，其弹性模量可认为是定值，但按照颗粒流方法计算原理，其颗粒刚度随粒径变大而变小，因此固定弹性模量，而取刚度随级配尺寸平均值变化。在含石率为50%、摩擦系数为2.2、块石尺寸为2~6cm 的条件下，采用随机分布生成混合介质模型进行直剪试验模拟，结果表明：在土体刚度一定时，软岩充填（弹性模量为5E+8MPa）的混合介质 φ、c 值分别为 39.6°、15.7kPa，而硬岩充填（弹性模量为5E+9MPa）的混合介质 φ、c 值分别为 42.1°、14.4kPa；当充填岩石颗粒刚度一定时，软弱基质（弹性模量为5E+6MPa）的混合介质 φ、c 值分别为 39.6°、15.7kPa，而较硬基质（弹性模量为5E+8MPa）的混合介质 φ、c 值分别为 47.2°、31.7kPa。不难发现无论是基质颗粒还是充填颗粒弹性模量的增加，都可以一定程度提高混合介质的内摩擦力；当基质颗粒刚度增加时黏聚力相应提高，而当充填介质颗粒刚度增加时黏聚力反而降低；当颗粒刚度固定时，若颗粒间的粗糙程度增加，同样也可使抗剪切强度大幅提高；而当颗粒刚度、颗粒粗糙程度均一定时，抗剪切强度却随含石量提高反而降低，这与试验数据不符，造成这种情况的原因是在土石刚度近似恒定的数值模拟中摩擦系数随含石量的不同发生了变化，故该情况体现在表 5.4-3 颗粒参数中是合适的。

3. 颗粒级配构成对抗剪强度的影响

在块石含量相同情况下，不同级配颗粒级配构成使得剪切面变化甚大。相同含石量条件下通过不同颗粒级配试验可分析粒径分布对抗剪强度的影响，具体方案见表 5.4-4。

表 5.4－4　　　　　　　　　不同颗粒级配计算方案　　　　　　　　　%

类型	土含量	岩石颗粒质量百分含量			
	<2cm 粒径	2～3cm 粒径	3～4cm 粒径	4～5cm 粒径	5～6cm 粒径
小颗粒占优	50	20.0	15.0	10.0	5.0
粒径均匀	50	12.5	12.5	12.5	12.5
大颗粒占优	50	5.0	10.0	15.0	20.0

通过三组试验对比发现，颗粒粒径均匀、小颗粒占优、大颗粒占优的抗剪内摩擦角分别为 39.6°、38.5°和 40.9°，黏聚力分别为 15.7kPa、20.3kPa 和 13.7kPa，与重塑样试验块石含量 50％时的抗剪参数（内摩擦角 40.1°，黏聚力 15.8kPa）相比，颗粒粒径均匀试验与重塑样试验结果更为接近；大尺寸块石存在时，内摩擦角增加，黏聚力降低，反之，岩石颗粒接近土颗粒尺寸时，内摩擦角则较试验值偏小；此外，大颗粒占优时较易发生剪胀（表 5.4－5），小颗粒较多时剪胀率则较低；在高围压下砂卵砾石混合体特性表现为应变硬化、低剪胀率，甚至少量试样发生了剪缩现象，而在低围压下则易发生剪胀现象，与重塑样试验结果基本一致。

表 5.4－5　　　　　不同级配抗剪强度与正应力条件下剪胀率对比

类　型		级　配		
		小颗粒占优	颗粒均匀	大颗粒占优
石颗粒弹性模量/MPa		5E+8	5E+8	5E+8
土颗粒弹性模量/MPa		5E+6	5E+6	5E+6
摩擦系数		2.2	2.2	2.2
内摩擦角/(°)		38.5	39.6	40.9
黏聚力/kPa		20.3	15.7	13.7
不同正应力条件下剪胀率/%	0.1MPa	2.09	2.58	2.46
	0.5MPa	1.53	1.83	1.58
	1.0MPa	0.08	0.31	0.05

4. 岩块介质含量对抗剪强度的影响

在颗粒构成相同的条件下，保持颗粒摩擦系数（取 2.2）不变，将块石刚度增大 10 倍，介质内摩擦角增加了 2.5°，这表明混合介质所含岩块颗粒刚度增加虽然可使得抗剪强度提高，但增幅有限，与重塑样试验结论不符。通过试验资料分析可知，在块石含量比较小的情况下，颗粒接触以土颗粒间为主，此时介质抗剪强度主要来自克服土体颗粒间的摩擦；而当块石含量较高时，颗粒接触则以土-石接触、石-石接触为主，块石的摩擦系数将会导致较大的摩擦力，从而使得抗剪强度显著提高。因此，含石量的提高导致介质抗剪强度增加主要是由于颗粒间土-石、石-石接触比例的提升造成的，这是由剪切带内块石之间的咬合力提供。根据原型试验资料分析，颗粒摩擦系数与含石量近似存在二次抛物线递增关系：

$$f=0.0004\eta^2+0.0037\eta+0.5785 \qquad (5.4-5)$$

式中　f——颗粒流计算所需的摩擦系数；

　　　η——含石量百分数，%。

采用该式分别计算出含石量为 0%、30%、50% 及 70% 下的摩擦系数变化情况，见图 5.4 - 11，强度指标与试验值对比见图 5.4 - 12，结果吻合程度较好。同时，由于含石量的提高，颗粒的粗糙程度提升，剪切带内颗粒移动、旋转或翻越需要克服更大阻力，相应则有更多的变形能转化为摩擦能；在相同围压下，剪胀率随含石量增加而提高，在相同含石量下，剪胀率随围压增加反而下降，见表 5.4 - 6。

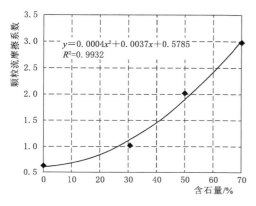

图 5.4 - 11　颗粒流摩擦系数与含石量关系曲线

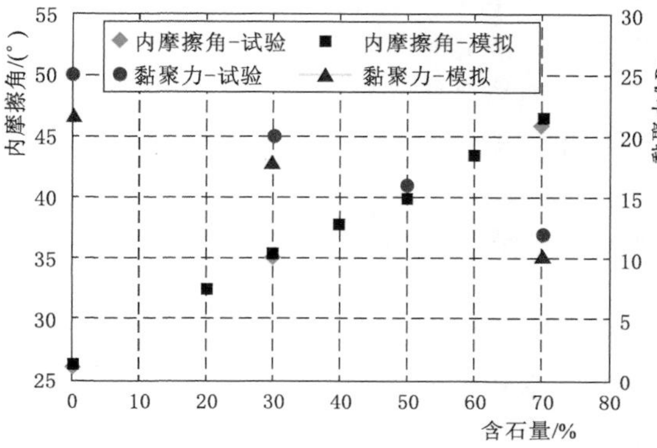

图 5.4 - 12　宏观抗剪强度与含石量关系

表 5.4 - 6　　　　　　　　　　　　不同含石量下剪胀率

含石量/%	正 压 力		
	0.05MPa	0.1MPa	0.15MPa
0	1.50	1.33	1.09
30	2.80	2.42	2.34
50	3.02	2.94	2.83
70	3.34	3.11	2.98

5.4.5　研究结论

基于室内剪切试验，利用颗粒流方法对砂卵砾石混合体介质进行了直剪试验模拟，主要结论如下：

（1）砂卵砾石混合体直剪试验剪切面并非一个平面，而是存在一个带内变形、以设计平面为中心呈 S 形变化的剪切带，块石最大粒径越大剪切面影响范围越广，块石刚度越大剪切面则越粗糙。

（2）块石存在某种程度上控制着滑面的形成和形态，并造成了内部滑面出现"绕石"现象，它和块石间由于相互摩擦及咬合产生的咬合力是砂卵砾石混合体具有较高内摩擦角的根源；颗粒刚度和颗粒间粗糙程度的增加在一定程度上均可提高介质内摩擦角，但基质颗粒刚度增加则黏聚力相应提高，充填介质颗粒刚度增加但黏聚力却反而降低。

（3）由于本书中直剪数值试验采用的正压力较低，当砂卵砾石混合体试样存在大尺寸块石时，内摩擦角增加，黏聚力降低，且较易发生剪胀；当岩石颗粒接近土颗粒尺寸时，内摩擦角则较试验值偏小，剪胀率较低；在高围压下其介质特性表现为应变硬化、低剪胀率，不排除剪缩的情况，而在低围压下则容易发生剪胀现象，这与重塑样试验结果基本一致。

（4）混合介质所含颗粒刚度增加虽然可使抗剪强度提高，但提高幅度有限。通过原型试验对比发现，土石颗粒剪切面的摩擦主要是由块石间的咬合力提供，在结构组成相近条件下，颗粒摩擦系数与含石量近似存在二次抛物线递增关系，按此规律设置的颗粒摩擦系数能接近原型试验。

（5）颗粒离散元数值试验与室内重塑样试验吻合程度较好，因此，颗粒流数值模拟的方法可作为工程砂卵砾石混合体确定力学参数的有益补充。

5.5　砂卵砾石混合介质三轴压缩力学特性研究

砂卵砾石混合体是一种不良地质体，它由低强度的土颗粒与高刚度的岩石块体胶结构成，其力学特性受介质内部的细观介质和胶结程度控制，力学参数确定非常困难。如何考虑砂卵砾石混合体细观结构，进而建立其力学参数确定方法具有重要的理论及工程实践价值。

当前，砂卵砾石混合体力学参数与变形特性主要通过原位试验、室内试验及数值模拟等方法进行研究，力学参数、变形特性主要受砂卵砾石混合体细观结构来控制[80-81]。在对黏土与粗砂构成的混合物进行三轴室内试验发现，当含砂率在 50％～70％之间时，随着含砂率的提高，内摩擦角逐渐增大，而黏聚力逐渐减少。通过室内试验研究发现粗粒含量对砂卵砾石混合体强度的影响，当含粗粒率小于 10％时，随着含量的增加对抗剪强度基本没有影响；当含粗粒率大于 30％时，随着含量的增加，砂卵砾石混合体抗剪强度显著增加；当含粗粒率位于 10％～30％之间时，抗剪强度依然由细粒主导，粗粒对抗剪强度影响较小。

近年来，借助数值模拟技术研究土石混合介质的力学性质发展迅速，已经成为研究岩土力学特性的一种重要手段。二维情况下土石混合细观介质的强度试验可通过数字图像处理技术及骨料随机重构技术等实现，如用数值图像处理及 CT 技术对混凝土沥青骨料进行研究，通过定量分析得到骨料分布的"微结构张量"；Yue et al.[80] 采用数字图像有限元分析了某地区的花岗岩内部细观结构，建立了细观模型，对力学特性进行了数值模拟研究。三维情况则可通过三维 CT 扫描及三维颗粒随机重构，石崇等[79] 通过对颗粒进行三维激光扫描，研究了卵石、碎石颗粒的形状参数，结果发现：对相同体积碎石和卵石而言，体积越小，则卵石和碎石的表面积差距越小，所产生的力学性质影响区别越小；卵石的整体形状系数要普遍高于碎石；并且通过三轴压缩试验或剪切试验获得了较为符合砂卵砾石混合体力学特性的结果。

本书在室内三轴压缩试验基础上，利用傅里叶随机构形法生成三维随机颗粒，然后与土颗粒压紧构造砂卵砾石混合体试样，进而开展三维压缩试验，研究含石率、细观结构等对介质强度特性的影响，以为该类介质的强度参数确定提供参考。

5.5.1　三轴数值压缩试验容器

数值试验按照室内三轴试验系统尺寸设计，高为 200mm，宽为 101mm，首先随机构造骨架颗粒模板，见图 5.5－1（a），其中第一排为磨圆度较好的卵砾石，第二排是工程中常用的碎石颗粒，第三排为非常粗糙的胶结颗粒，利用不同类型的骨架颗粒模版随机构造颗粒投放到图 5.5－1（b）中的模型约束墙内，然后再在骨架颗粒外生成土颗粒；三维情况下墙由一个个三角面组成。生成模型时首先通过上下墙与侧壁墙对试样进行伺服处理，然后控制上下墙体进行压缩加载试验。

（a）不同细观骨料的构造　　　　　　　　（b）数值试验装置

图 5.5－1　三维压缩装置示意图

在压缩加载试验中，上面墙体缓慢地向下移动，移动速度被控制为 0.0005m/s；底面墙体在试验过程中保持固定不动；压缩过程中利用伺服机制在侧壁墙体上施加恒定的围压应力。

5.5.2　数值试样的制备

土颗粒采用 Ball 来模拟，块石在室内试验基本是不破碎的，因此块石采用不破碎的刚性簇（Clump）来模拟，制样步骤如下：

（1）首先，在 PFC 里生成一定大小的土颗粒，为了消除尺寸效应，土颗粒尺寸小于模拟装置边长的 1/80 即可，由于最小边长为 101mm，因此土颗粒直径小于 1.2mm 即可，此处土体颗粒直径范围取为 1.0～1.2mm，见图 5.5－2（a）。

（2）采用图 5.5－1（a）骨架颗粒模板，利用 PFC3D 中自带的随机投放法生成 Clump 随机块石，块石尺寸范围为 5～20mm，块石颗粒见图 5.5－2（b）。

（3）由于块石 Clump 与土颗粒 Ball 之间存在重叠，影响模拟效果，因此，遍历所有的 Ball，将与 Clump 重合的 Ball 删除，然后施加接触参数令土-石相互作用弹开，即可得到三维砂卵砾石混合体随机细观结构模型，用于离散元数值模拟，砂卵砾石混合体生成见图 5.5－2（c）。

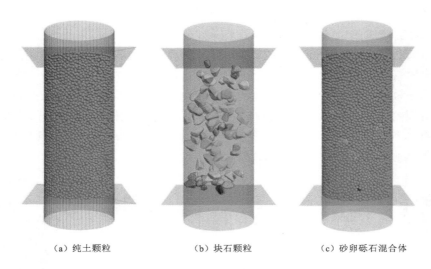

（a）纯土颗粒　　　　　　（b）块石颗粒　　　　　（c）砂卵砾石混合体

图 5.5 - 2　砂卵砾石混合体生成示意图

5.5.3　土石细观参数的标定

在参数标定的过程中，材料的宏观参数与细观参数之间的关系并不是一一对应的，一个宏观参数的变化可能会使多个细观参数发生变化，他们之间具有明显的非线性关系，因此 PFC 模型的参数标定是一个非常复杂的过程。在使用 PFC 模型进行试验时，在模型颗粒的大小及组合方式确定的情况下，需要不断调试模型的细观参数，直到模型的宏观响应与模型所需的宏观参数接近时，参数标定方才结束，得到的细观参数即为所需标定的结果。针对砂卵砾石混合体，内部存在土-土、土-石、石-石三类接触，均采用接触黏结模型（CBM）来模拟，基于该模型在大量尝试的基础上，采用如下参数标定过程：

（1）先设置材料强度为一个比较大的值，然后调整颗粒的弹性模量，即 E_c 来匹配材料的宏观弹性模量，一般细观弹性模量与宏观弹性模量成正相关。调整颗粒的法向与切向刚度比值 k_n/k_s 来匹配材料宏观的泊松比，研究表明，泊松比与刚度比之间成正相关。经过多次尝试后，确定 E_c、k_n/k_s 的取值，再利用公式 $k_n = 2E_c$，即可得到 k_n、k_s 的取值。

（2）得到了想要的弹性响应之后，开始标定颗粒间接触黏结强度 σ_c、τ_c，接触黏结强度 σ_c、τ_c 对峰值强度影响较大，τ_c/σ_c 对试样的破坏形式具有一定影响，一般取 τ_c/σ_c 为 1.0，通过不断尝试，当峰值强度匹配吻合时，即可得到接触黏结强度 σ_c、τ_c。

（3）通过前两个步骤的标定，可以匹配得到材料在加压过程中峰值强度之前的细观参数，如果需要重现材料的峰后行为，则需要调整颗粒的摩擦系数，但该参数目前没有一个合适的取值标准。

纯土按照上面的过程进行标定，块石参数通过 Yoon et al. 提出的方法进行标定，最终土石细观参数见表 5.5 - 1。

表 5.5 - 1   土 石 细 观 参 数

材料	密度 ρ /(kg/m³)	刚度/(N/m)		黏聚力/(N/m)		摩擦系数
		k_n	k_s	F_n^b	F_s^b	
土体	2000	4E+6	2E+6	6.0E+2	6.0E+2	0.45
块石	2700	4E+7	4E+7	2.0E+6	2.0E+6	1.0

5.5.4 数值计算结果分析

1. 含石率对砂卵砾石混合体参数的影响

通过对含石率 30% 试样的三个不同围压（200kPa、400kPa、800kPa）进行数值模拟研究，并与室内试验进行对比，见图 5.5 - 3，可以发现：数值模拟得到的应力应变规律与室内试验基本一致；在初始弹性阶段，数值模拟相对于室内试验略偏小，表明采用的细观力学参数可以合理地反映砂卵砾石混合体的变形特性。

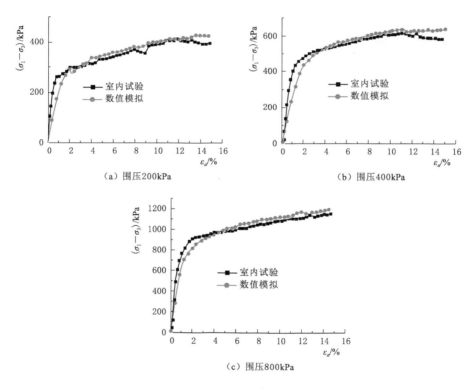

图 5.5 - 3   不同围压应力-应变关系曲线变化规律

在此基础上，分别模拟了含石率为 0%、10%、20%、30%、40%、50%、60%、70% 的砂卵砾石混合体试样，应力-应变曲线见图 5.5 - 4，由图可以看出，应力-应变曲线加载初期为直线段，同一含石率下，围压越大，强度越高；砂卵砾石混合体表现出硬化特征，随着围压的增大，硬化现象越加显著。

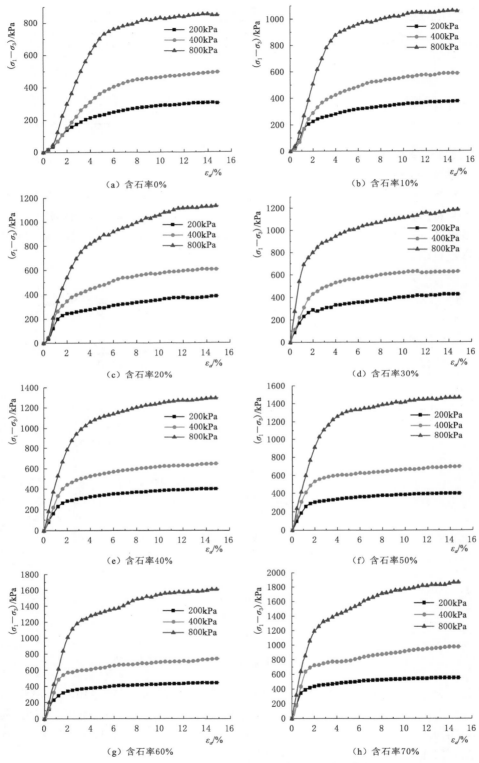

图 5.5-4　不同含石率试样的应力-应变关系曲线

2. 粗骨料形状影响

为了研究含石率对砂卵砾石混合体力学特性的影响，在块石级配相同的条件下，采用不同粗糙程度的粗骨料分别模拟了含石率为 0％、10％、20％、30％、40％、50％、60％、70％的砂卵砾石混合体试样，模型图以含石率 40％～70％为例，见图 5.5－5，对每种含石率分别建立 5 组数值模型，围压分别采取 200kPa、400kPa、800kPa，对每组黏聚力和内摩擦角进行统计，见表 5.5－2。

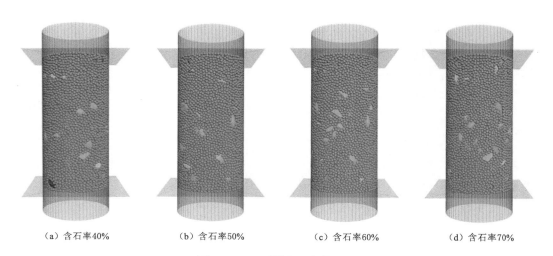

(a) 含石率40%　　(b) 含石率50%　　(c) 含石率60%　　(d) 含石率70%

图 5.5－5　不同含石率模型图

表 5.5－2　　　　　　　　　不同含石率下的强度参数统计

编号	含石率/%	$\varphi/(°)$	c/kPa	含石率/%	$\varphi/(°)$	c/kPa
1	0	18.2	50.6	10	20.3	40.2
2	0	15.5	53.5	10	18.4	41.3
3	0	14.5	46.2	10	18.3	38.5
4	0	16.4	44.7	10	19.5	43.9
5	0	15.3	45.8	10	19.8	45.1
平均值	0	16.0	48.2	10	19.3	41.8
1	20	22.1	37.8	30	24.0	29.8
2	20	20.6	36.7	30	23.4	28.4
3	20	21.8	37.2	30	25.2	32.2
4	20	20.7	35.9	30	24.6	30.5
5	20	21.2	38.7	30	25.1	31.2
平均值	20	21.3	37.3	30	24.5	31.2
1	40	28.3	25.4	50	28.1	20.5
2	40	26.6	26.1	50	28.4	22.8

续表

编号	含石率/%	φ/(°)	c/kPa	含石率/%	φ/(°)	c/kPa
3	40	25.7	24.2	50	26.3	19.6
4	40	26.6	25.1	50	27.9	21.7
5	40	27.1	24.1	50	29.1	18.3
平均值	40	26.9	24.3	50	28.0	20.6
1	60	31.2	25.6	70	35.5	30.5
2	60	31.8	27.1	70	36.1	34.2
3	60	30.5	24.2	70	34.2	38.4
4	60	29.8	25.4	70	36.8	35.6
5	60	32.4	23.9	70	35.4	31.7
平均值	60	31.1	25.2	70	35.6	34.1

　　通过整理表 5.5 - 2 中数据，得到砂卵砾石混合体黏聚力与内摩擦角随含石率变化关系曲线，见图 5.5 - 6。

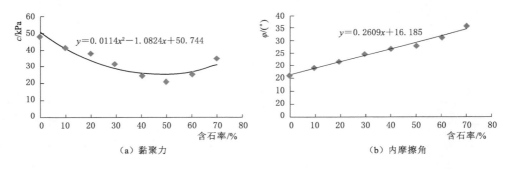

图 5.5 - 6　砂卵砾石混合体抗剪强度随含石率变化规律

　　图 5.5 - 6 表明，随着含石率的增加，土与碎石的内摩擦角不断增大，而土与碎石混合体的黏聚力先减少后增大。随着含石率增大，块石之间挤压、咬合作用显著，内摩擦角增加显著，具体表现为当含石率从 0% 增加到 70% 时，其内摩擦角从 16.0° 增加到 35.6°，增加了 122.5%。当砂卵砾石混合体含石率从 0% 增加到 50% 时，黏聚力从 48.2kPa 减少到 20.6kPa，减少了 57.3%，主要是由于低含石率下土体起主要受力作用，碎石的加入会在一定程度上降低黏聚力；而当含石率从 50% 增加到 70% 时，砂卵砾石混合体黏聚力从 20.6kPa 增加到 34.1kPa，增加了 65.5%；此时黏聚力的增加主要是由于高含石率下碎石之间咬合、挤压作用显著，一定程度上提高了黏聚力这一参数指标。数值模拟规律与一些学者试验得到的规律基本吻合，表明颗粒离散元模拟砂卵砾石混合体具有很好的效果。

　　3. 块石随机分布对砂卵砾石混合体力学特性影响

　　同一部位砂卵砾石混合体，随着块石空间分布的不同，强度及力学特性离散性很大，对随机分布的砂卵砾石混合体力学特性分别进行了分析研究，控制试样含石率为 30%、碎石尺寸值为 10~15mm，三组随机位置模型见图 5.5-7，相应应力-应变关系见图 5.5-8。

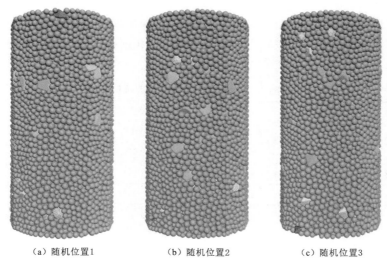

（a）随机位置1　　　　（b）随机位置2　　　　（c）随机位置3

图 5.5-7　相同含石率块石空间随机位置分布三维模型

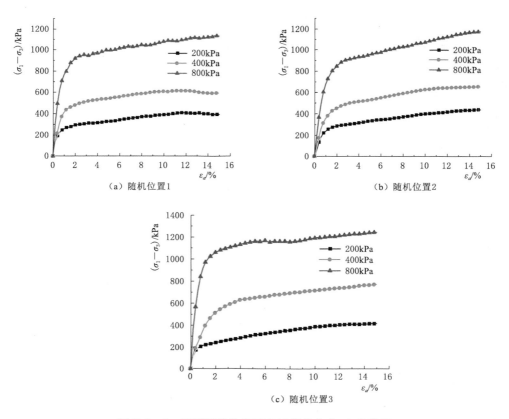

图 5.5-8　不同随机位置下各试样的应力-应变关系

从图 5.5-8 中可以发现：①砂卵砾石混合体的应力-应变曲线为非线性，表现出很强的硬化型特征；②同一试样下，围压越大，强度越高；③随着围压的增加，应力-应变曲线出现局部波动，表明内部块石结构出现变化，相互间挤压、咬合等作用加强。不同随机位置各围压下各试样的峰值强度见表 5.5-3，从表中可以看出，相同试样下峰值强度随着围压呈现线性变化特征，围压越大峰值强度越高。相同围压不同随机位置下，峰值强度具有一定离散性。

表 5.5-3　　　　　　　　　　　不同随机位置各围压下各试样的峰值强度

碎石随机位置	峰值强度/kPa		
	200kPa 围压	400kPa 围压	800kPa 围压
随机位置 1	414.23	618.11	1157.39
随机位置 2	438.82	651.77	1175.41
随机位置 3	417.86	764.29	1239.29

图 5.5-9 为不同随机位置下各试样的强度莫尔圆及强度包线，表 5.5-4 为不同碎石随机位置下砂卵砾石混合体强度指标。

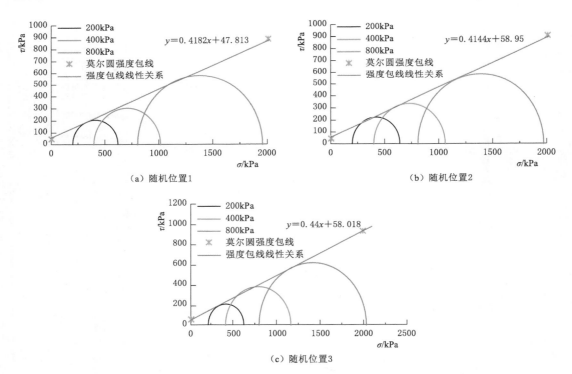

（a）随机位置1

（b）随机位置2

（c）随机位置3

图 5.5-9　不同碎石随机位置下各试样的强度包线

从表 5.5-4 中可知：三组试样下的内摩擦角数值大小相差不大，最大值与最小值仅相差 6%，黏聚力最大值与最小值相差 21.3%，说明利用随机砂卵砾石混合体细观骨架颗粒进行数值模拟具有一定的可信度，随机碎石的位置不会造成强度参数有很大偏差。

表 5.5 - 4 不同碎石随机位置下砂卵砾石混合体强度指标

随机位置	内摩擦角 $\varphi/(°)$	黏聚力 c/kPa
随机位置 1	22.69	47.81
随机位置 2	22.51	58.95
随机位置 3	23.75	58.01

5.5.5 研究结论

在土石混合介质常规三轴试验基础上,利用颗粒流方法开展了土石混合介质三轴压缩试验模拟研究,分析了含石率、骨料细观特征、随机分布对宏观抗剪强度特性的影响,得到主要结论如下:

(1) 不同含石率下,随着含石率的增加,土与碎石的内摩擦角不断增大,而土与碎石混合体的黏聚力先减少后增大。随着含石率增大,块石之间挤压、咬合作用显著,内摩擦角增加显著。砂卵砾石混合体内摩擦角这一规律与贾学明的结论基本相符。

(2) 模拟结果与室内试验进行对比分析发现,数值模拟应力应变规律与室内试验基本一致,应力-应变曲线也是硬化型曲线,没有明显的峰值强度。

(3) 砂卵砾石混合体内摩擦角这一规律与贾学明的结论基本相符。土石混合体虽然具有一定离散性,但误差不大,说明利用颗粒流数值模拟土石混合介质的强度特性具有良好的可信度。

5.6 砂卵砾石混合体地震动力学参数研究

5.6.1 砂卵砾石混合介质动参数

在进行地震动力分析时,岩土介质内的波动力学参数对于计算分析非常重要,一般的做法是通过现场或室内动力试验获得,或通过地震波、声波测试的波速成果换算。若无试验成果,一般动弹性模量取为静弹性模量 E 的 1.3 倍,而泊松比则考虑不变,这种人为提高参数既缺少理论上的依据,也无相应的规范参考。因此岩土体动力学参数合理取值一直是困扰岩土界的难题。

在市政工程中经常遇到砂卵砾石混合地层,分布广泛、危害巨大,主要特点如下:

(1) 固相可视为"二元介质"结构,即软弱的砂土和坚硬的碎石、块石、卵石,砂土为基质,碎石、块石、卵石为填充物。

(2) 不同尺度的碎石、块石、卵石分布具有强烈的不均匀性和随机性。

(3) 充填介质一般具有"韵律"特征与"聚团"性。

对于砂卵砾石"二元介质"的综合力学参数,人们致力于从试验方法、取样方法以及测量精度等多方面进行改进,以获得相对精确的参数值,并且取得了大量的研究成果。然而,其中遇到的困难却无法回避:①取未扰动试样非常困难;②试样代表性差,由于介质的随机性和不均匀性,任何试样均难以代表整个工程区域;③试样数量有限,工程研究区域面积往往可达几百平方米甚至平方千米级,以少量的试样表征整个工程对象的变形、强度特性,明显不合理；④试样尺寸太小，受限于仪器规格和条件，试样尺寸往往很小，在采样时必然要舍弃许多地质信息，试验结果无法反映岩土体的宏观力学性质；⑤动力特性几乎被忽略了。

当前研究一般从静力状态着手，主要关注是强度问题，很少考虑二元介质的动力波动特性和变形问题。由于基质与充填介质尺寸不同、形状各异，对弹性波的传播必然有所挠动，为体现出动力学上的变化，可借助数值模拟技术，考虑砂卵砾石混合体结构组成的改变。

5.6.2 元胞自动机模型

1. 数值"试样"制备

砂卵砾石混合体结构的自动机模拟方法，是指在指定的二维空间内，以方形网格形式，根据介质在砂卵砾石混合体沉积过程中的动力特性，以及工程现场勘察中的级配、分布以及结构特性，拟定其"沉积"的演化规则，通过自动机演化，随机生成砂卵砾石混合体结构图，从而近似模拟砂卵砾石混合体的结构特性，一方面考虑了块石、砾石的随机性，另一方面考虑了沉积过程的"聚团"效应。虽然不可能完全表示出每块"聚团"的可能形状，但因"聚团"分布亦是随机的，并不会因此影响模拟的最终结果。

根据元胞自动机生命游戏规则编制元胞演化程序，具体流程见图 5.6-1。

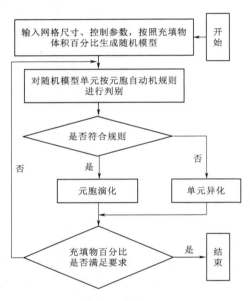

图 5.6-1 元胞自动机元胞演化流程

三轴数值模拟试验的基本原理是以计算机为操作平台，借助已有的数值模拟软件建立符合实际的结构模型，施加合理的荷载、力学边界条件替代周围的约束，以此来模拟真实的应力波传播过程，数值试验不受试件大小的限制。

2. 试验原理与方法

根据弹性波理论，纵波、横波波速可由弹性模量 E 与泊松比 ν 经公式（5.6-1）和公式（5.6-2）得到。

纵波：
$$C_P = \sqrt{\frac{E(1-\nu)}{\rho(1-2\nu)(1+\nu)}} \qquad (5.6-1)$$

横波：
$$C_S = \sqrt{\frac{E}{2(1+\nu)\rho}} \qquad (5.6-2)$$

式中 ρ——密度，g/cm^3。

在不考虑介质非线性情况下，波速只与动弹性模量和动泊松比有关，沿着波传播的方向，由于元胞机模型内基质、充填材料的随机变化，必然导致波速的差异，模型足够大时即可体现出工程区砂卵砾石混合体的波动特性。如果能够测得其波速，即可通过公式（5.6-1）和公式（5.6-2）反算出动弹性模量与动泊松比的值。

图 5.6-2 中，在模型的一端输入地震波荷载，当传播至输出端时必然存在不等的延时效应，由于模型的长度一定，即可计算出波速。

$$C = L/\Delta t \tag{5.6-3}$$

式中　L——模型长度，m；

　　　Δt——延迟时间，s；

　　　C——波速，cm/s，当输入横波时为横波波速，当输入纵波时为纵波波速。

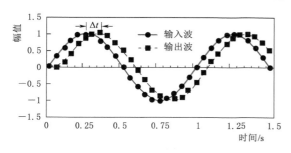

图 5.6-2　波速计算示意图

由于介质的随机性、"聚团"效应也不均匀，因此对同一模型输出端的波形采用多点取平均。分别采用横波、纵波荷载输入即可得 C_S、C_P。基本步骤如下：

（1）根据颗粒级配随机生成二元介质模型。

（2）采用元胞自动机制备"试样"，模拟介质的随机性、"聚团"效应。

（3）选取"试件"一个方向作为动力加载方向，其他方向采用必要的约束条件，如透射边界条件。

（4）通过在试件一侧进行质点振动测试，获得其时间序列。

（5）变换输入地震波的类型，通过具有一定传播距离的时间序列与输入地震波荷载，即可计算出地震波在二元介质中的波速度（纵波、横波），基于弹性波原理换算成动弹性模量与动泊松比。

（6）不断变化试样，获取多组参数，计算不同碎块石含量、不同结构组成下的动参数。

由于介质的随机性，弹性波在砂卵砾石混合体二元介质内传播时波阵面不是平面，为了减少误差，输出波接收端相隔 0.5m 布置 10 个测点，波速取为 10 个测点的平均值。经试算发现，最先与最后到达的波阵面相差在 10m 之内，与波速相比甚小，因此以下计算均不考虑测点位置造成的差别而采用平均值。

5.6.3　数值试验结果

1. 元胞材料

某砂卵砾石混合体工程基质由砂土、粉土构成，充填块石、碎石成分，充填物为变质砂岩、板岩，粒径为 5～25cm，占总体积的 25%～40%，表现出明显的"聚团性"和韵律结构特征。地勘资料表明该地层下伏强风化岩体的地震波横波速度为 1000～1500m/s，为了研究砂卵砾石混合体的波动特性，假设砂卵砾石混合体内充填块石、碎石的波动特性与强风化岩体相同，为了研究基质的影响，采用《建筑抗震设计规范》中五类土的波动参数进行对比研究，以分析基质、充填物对砂卵砾石混合体波动特性的综合影响。

计算模型见图 5.6-3，模型宽 10m，长 100m，在 $z=0$m 及 $z=100$m 端面上均采用动力黏滞边界，以模拟无限介质内波的传播，数值试验不考虑模型边界带来的散射效应，岩土体力学参数见表 5.6-1。

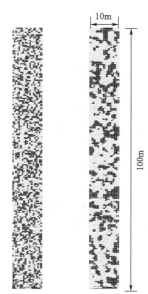

（a）随机模型　（b）元胞机模型

图 5.6-3　元胞自动机计算模型

表5.6-1　　　　　　　　岩土体力学参数

分　类	参　　数				
	横波波速 V_s/(m/s)	P/(kg/cm³)	动弹性模量 E/GPa	动泊松比 μ	纵波波速 V_P/(m/s)
软弱土	120	1700	0.0637	0.3	224
中软土1	200	1800	0.1872	0.3	374
中软土2	250	1800	0.2925	0.3	467
中硬土1	350	1900	0.6052	0.3	654
中硬土2	450	1900	1.0004	0.3	841
充填介质	1000	2650	6.4130	0.21	1650

2. 充填介质含量的影响

砂卵砾石混合体二元介质内，基质软弱而波速低，充填介质刚度大、波速高，由于二者相互夹杂，其波动效应异常复杂。

在充填介质含量25%~40%范围内进行了35组试验，得到纵波、横波波速与碎石含量的关系曲线（图5.6-4）。当充填物含量为零时，此时波速为基质内波速，当充填物含量为100%时，此时波速为碎石内波速。显然，刚性充填物的含量越高，横波波速越快，二者服从二次抛物线关系。

对纵波：
$$V_P = 0.17003x^2 - 2.7335x + 240.30 \tag{5.6-4}$$

对横波：
$$V_S = 0.1318x^2 - 1.1146x + 128.29 \tag{5.6-5}$$

式中　V_P，V_S——纵波、横波波速，m/s;

　　　　x——碎石含量，%。

为了体现输出波与输入波振幅的变化，定义振幅衰减系数如下：
$$\eta = A_o/A_i \tag{5.6-6}$$

式中　A_o，A_i——输出、输入波振幅。

各组数值试验的振幅衰减系数随碎石含量变化规律见图5.6-5，碎石含量越高，振幅衰减系数越大，但碎石含量接近的"试样"振幅衰减系数相差很大，这表明在砂卵砾石混合体二元介质中，弹性波的衰减主要取决于砂卵砾石混合体的结构特性。

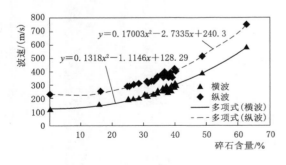

图5.6-4　波速与碎石含量关系曲线

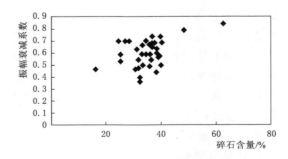

图5.6-5　振幅衰减系数随碎石含量变化规律

3. 相对模量的影响

由以上分析可知，弹性波在砂卵砾石混合体二元介质内传播时由于"软硬相间""快慢交替"，从而导致砂卵砾石混合体综合波速存在差异。

分别采用 5 种模量不同的基质土参数计算横波速度，以基质土弹性模量与充填介质弹性模量比作为横坐标，考察横波波速与相对模量比的关系（图 5.6－6）。从图 5.6－6 可以看出，相同结构构成条件下，弹性波传播速度与相对模量比成对数递增关系。

4．输入波频率的影响

弹性波传播时，作用时间短，应力小，不同频率波在二元介质内的穿透能力不同，因此数值试验中的波速也存在差异。在相同砂卵砾石混合体结构构成条件下，不同输入波频率的横波波速见图 5.6－7。

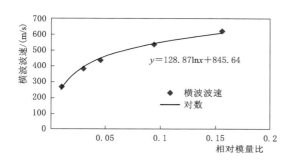

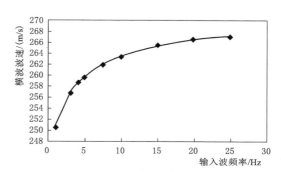

图 5.6－6　横波波速与相对模量比的关系　　图 5.6－7　横波波速与输入波频率关系

显然砂卵砾石混合体二元介质符合"两相"介质内高频波速度快、低频波速度慢的规律，横波波速与输入波频率成指数递增关系。

由于介质构成、"聚团"尺寸的影响，同一数值模型具有不同的自振频率，因此振幅衰减系数并非随输入波频率线性变化，而是随输入波频率增大而先增后减，与系统自振频率相等时振幅衰减系数达到最大（图 5.6－8）。

5．二元介质内波动规律

砂卵砾石混合体二元介质具有随机性和聚团性，刚度"软硬相间"，相当于在波的传播路径上随机出现了多个岩体材料界面，由弹性波传播原理可知：弹性波到达材料界面后，会不断发生折射与反射现象，其振幅、方向均会发生改变，这种变化即反映了介质的波动特性，并最终导致了动力学参数的变化。数值试验研究表明：

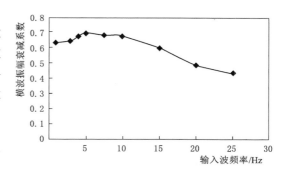

图 5.6－8　横波振幅衰减系数与输入波频率关系

（1）刚性充填物的含量越高，横波波速越快，二者服从二次抛物线关系。

（2）结构构成相同时，弹性波速与相对模量比成对数递增关系。

（3）介质内高频波速度快、低频波速度慢，横波波速与输入波频率成指数递增关系。

（4）岩土介质在外力作用下，其形变具有黏滞性，不仅取决于作用力的大小和时间长短，也决定于岩土介质本身。因此弹性波速与充填物含量密切相关，充填物含量越多则波速越大；而振幅衰减系数与充填物含量关系不大，其主要受充填物"分布结构"影响。

5.6.4 动力学参数研究

在工程中，往往最直观的是岩土体的动力学参数，即动泊松比与动弹性模量。

1. 动泊松比

根据弹性波原理反算出砂卵砾石混合体二元介质的等效泊松比。

$$\overline{\nu} = \frac{3E - 2G}{6E + 2G} = \frac{V_P^2 - 2V_S^2}{2(V_P^2 - V_S^2)} \tag{5.6-7}$$

该式表明，当波速比 $D = V_P / V_S < \sqrt{2}$ 时，等效泊松比为负值，这与常规的弹性力学假设 $0 < \nu < 0.5$ 不符。

根据公式（5.6-7），G 和 E 为非负值的弹性介质，符合稳定性的基本要求，只有正模量产生正的回复力。其极限情况是液体的泊松比为 0.5，另一极限情况是当体积模量为零时，泊松比为 -1，而不是 0。早期研究指出作为各向同性固体应力-应变稳定性的条件，没有排除负值泊松比，但这种负值泊松比不可能在各向同性物质中存在。尤其是国外创造出一种负泊松比的坚韧泡沫新材料，以立方晶系 24 边多面体对称塌陷制成，他认为负泊松比是由聚合物泡沫结构的"凹入角结构"产生的，而负泊松比的程度由结构的尺寸决定。另外，格雷戈理在高气饱和、高空隙率和低围压条件下进行的沉积岩试验中也得到负泊松比，最大负值达 -0.3。动泊松比与碎石含量关系见图 5.6-9。

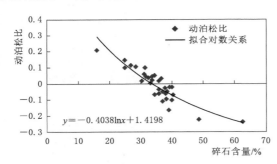

图 5.6-9 动泊松比与碎石含量关系

因此，负泊松比现象的存在已经广为发现并成为事实，重要的是如何分析其产生机制。砂卵砾石混合体属于非均质材料，非均质程度越高，各向异性越大，则负泊松比越有可能产生，尤其是低应力状态，研究认为当颗粒间的切向刚度比法向刚度大时，在二维和三维任何各向同性体系中都会出现负泊松比。

2. 动弹性模量

根据弹性波动力学，等效动弹性模量可由等效泊松比、介质等效密度及横波传播速度得到。

$$\overline{E} = 2\overline{\rho} V_S^2 (1 + \overline{\nu}) \tag{5.6-8}$$

式中 $\overline{E}$——等效动弹性模量；

$\overline{\nu}$——等效泊松比；

$\overline{\rho}$——介质等效密度，$\overline{\rho} = \eta \rho_r + (1 - \eta) \rho_s$，$g/cm^3$；

ρ_s，ρ_r——基质与充填介质的密度，g/cm^3；

η——碎石含量，%；

其他参数意义同前。

显然，由弹性波理论转化而来的动弹性模量亦取决于碎石含量。

数值试验表明，砂卵砾石混合体二元介质内对应力波传播的影响异常复杂，其规律体现出强烈的各向异性，当充填物含量超过一定数值时可能出现负泊松比现象，这也是目前动力学试验与静力学试验变形参数规律难以准确描述的主要原因。动弹性模量与碎石含量关系见图 5.6 - 10。

5.6.5　研究结论

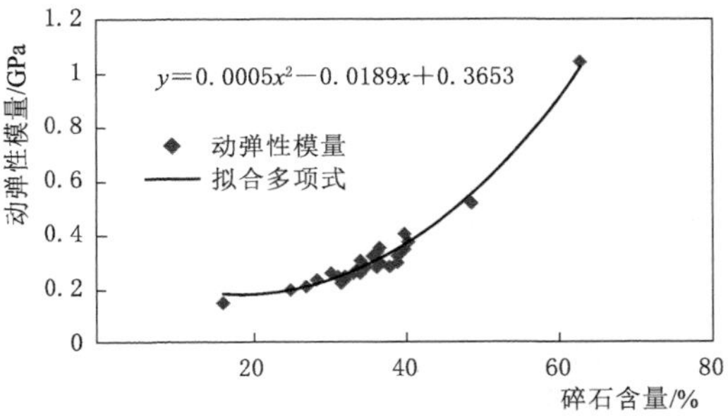

（1）由基质-砂土和充填物质（碎、块石）构成的砂卵砾石混合体，由于介质的随机性与不均匀性，无论是静力学参数还是动力学参数均难以给出，采用元胞机对随机参数单元进行处理，可以模拟砂卵砾石混合体的随机性与"聚团"性，更好地反映出砂卵砾石混合体的动力学特性。

（2）采用弹性波理论，通过测量介质的等效波速反算介质动力学参数是可行的。

图 5.6 - 10　动弹性模量与碎石含量关系

虽然二元介质受随机性、离散型影响，但借助统计方法仍可估计出砂卵砾石混合体等效动力学参数，是一种获得复杂介质动力学参数的重要方法。

（3）砂卵砾石混合体材料具有强烈的各向异性，其"沉积"具有"凹入角结构"特征，因此存在一临界碎石含量，当碎石含量超过此界限时砂卵砾石混合体综合泊松比表现为负值。

（4）由于砂卵砾石混合体二元介质的特殊性，动力学参数很难通过室内或现场试验测得，即使得到了其离散性也很大。而数值模拟方法具有可控性、无破坏性、安全性和可重复性等特点，可以弥补室内及现场试验的不足，且不受经费、试验条件限制，此外，可从多方面讨论砂卵砾石混合体的工程特性，加深对砂卵砾石混合体规律性的认识，可获得供工程设计使用的综合动力学参数，更好地服务于工程实际。

5.7　考虑细观特征的砂卵砾石斜坡稳定破坏研究

在含有砂卵砾石层基坑边缘，经常可见砂卵砾石斜坡存在。针对砂卵砾石混合体细观特征对滑面形成机制的影响，基于颗粒流方法建立了细观结构构造方法，在此基础上，分析均质边坡与混合体边坡破坏机理及滑面发展的不同，同时对比不同含石量情况下混合体边坡滑面发展过程，进而探讨该类斜坡的破坏机理。

5.7.1　砂卵砾石混合体介质细观模型的构造与评价方法

砂卵砾石混合体介质细观特征的构建，重在骨架颗粒的外轮廓和微观裂隙统计，在现场多借助统计窗方式进行，先提前规划好地质统计窗，利用参照物拍照，然后借助 AutoCAD 等工程软件进行轮廓绘制，进一步进行细观特征分析。

数字图像处理方法是一种被广泛采用的砂卵砾石混合体介质细观特征提取方法，但是数字图像方法的像素往往很高，如果将每一个像素都按照相应位置转化为数值模型，则单元、节点多，计算工作量非常大。实际上，图像识别是一种有损的识别方法，由于光照、阴影、拍照角度的差异，每一幅图片中土石区分均有差异，因此可以只采用数字图像识别骨架颗粒的轮廓线来构造砂卵砾石混合体的细观特征。因此提出如下块石轮廓构造方法。

图 5.7-1（a）中，首先将数字图像识别的骨架颗粒轮廓线作为边界线，对每一条边界进行读取（Polyline），处于任一多段线内的像素属于块石，而不在任一多段线内的像素属于胶结物。这样即可将每一像素的性质（土或石）区分开，并借助这些多段线数据开展颗粒粒径、形状等信息的统计。

然后，在研究范围内 [图 5.7-1（b）]，采用平均颗粒尺寸为 5mm、最大最小半径比为 2.0 的构造方法，在图 5.7-1 模型的范围内生成颗粒；通过 Cundull 提出的模型伺服程序调整颗粒间的重叠量，直至颗粒间的应力接近零应力状态；其次，将识别出来的块石视作不同的多边形区域，搜索所有颗粒，若某颗粒中心位于其中一个多边形内部，则判断该颗粒属于岩石颗粒，将位于同一多边形区域内的颗粒通过 Clump 组装以模拟岩石介质；最后，为了能模拟块石间的接触，将不同多边形区域内的颗粒赋予不同的编号，土石分别赋予不同的参数以分别模拟"基质土""岩块骨架"性质。

 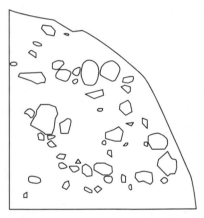

| (a) 砂卵砾石混合体实物图 | (b) 砂卵砾石混合体模拟图 |

图 5.7-1　砂卵砾石边坡细观特征提取

在构建土石混合边坡过程中，块石的生成是模型构建中的一大难点，如何判别球形颗粒是否位于块石边界内部是构造的关键。在数学上，这其实就是一种拓扑关系的算法研究。在土石混合边坡的块石构建过程中，根据 Bagi[82] 提出的颗粒装配算法，可以准确快速地判别颗粒与块石多边形的位置关系，进而将位于块石边界内部的球形颗粒组装形成岩石介质。

通过以上模型构造与判别方法，并采用伺服膨胀机理，利用颗粒流软件分别建立了边坡高为 8.7m、长为 7.7m 的均匀土质边坡 [图 5.7-2（a）] 和砂卵砾石混合体边坡 [图 5.7-2（b）]。

图 5.7-2 中模型是某典型砂卵砾石混合体边坡按比例建立的，其中构成该边坡的土体与石块的具体宏观物理力学参数见表 5.7-1。在使用颗粒流软件建立砂卵砾石混合体

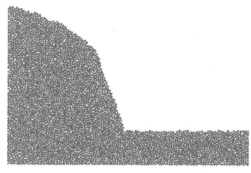

（a）均匀土质边坡   （b）砂卵砾石混合体边坡

图 5.7-2　边坡细观结构颗粒流模型

边坡模型的过程中，为了更好地模拟土体与块石不同的宏观力学表现，分别采用线性接触黏结模型（Linear Contact Bond Model）和线性平行黏结模型（Linear Parallel Bond Model）对土体和块石进行模拟。为了模拟滑坡的动力过程，计算中采用黏性阻尼，不考虑局部阻尼（局部阻尼系数为 0）。对模型细观参数进行多次参数标定后，最终得到的土体与块石的颗粒流模型细观力学参数见表 5.7-2。

表 5.7-1　　　　　　　　　　砂卵砾石混合体边坡各组分宏观物理力学参数

介质类型	密度/(g/cm³)	弹性模量/MPa	泊松比 μ	黏聚力/kPa	内摩擦角/(°)
块石	2.8	2.0E+4	0.19	2.7E+4	39
土体	2.1	40	0.3	93	22.4

表 5.7-2　　　　　　　　　　砂卵砾石混合体主要细观力学参数

块 石 参 数	取值	土 体 参 数	取值
平行黏结有效模量/Pa	30E+9	接触黏结有效模量/Pa	8E+7
平行黏结法向与切向刚度比	2.5	接触黏结法向与切向刚度比	2.5
线性接触有效模量/Pa	29E+9	接触黏结抗拉强度/Pa	3E+5
线性接触刚度比	2.5	接触黏结抗剪强度/Pa	1E+5
平行黏结切向黏聚强度/Pa	1E+8	切向临界阻尼比	0.2
平行黏结法向黏结强度/Pa	1.2E+8	法向临界阻尼比	0.4
摩擦系数	0.55	摩擦系数	0.4
颗粒密度/(kg/m³)	3300	颗粒密度/(kg/m³)	2100

5.7.2　砂卵砾石混合体边坡稳定性分析

为了研究土石混合形成的细观结构对边坡滑面形成机制的影响，分别模拟均匀土质边坡和土石混合介质边坡的滑面破坏过程，并利用土体参数折减，记录边坡内部应力变化与颗粒间的传力机制，以及边坡滑面发展的演变过程，对比两种边坡破坏机制的差异，分析土石混合介质对边坡滑面破坏的影响。为了使对比更加合理有效，所有模型均以相同的计算步数（50 万步）为对比标准。

对建立的纯土体边坡赋予标定得出的土体参数,使其在自重作用下卸荷平衡,最终得到的纯土体边坡自重平衡下的边坡力链见图 5.7-3。可以看出在重力作用下,坡体表层的力链分布稀疏,且坡体表层的接触力明显要小于坡体内部的接触力,坡脚位置力链密集区与稀疏区有较为明显的界限,这是边坡潜在不稳定滑面产生的位置。

对已经自重平衡的纯土体边坡采用强度折减法进行边坡稳定性计算分析,图 5.7-4 为边坡内部接触力开始产生突变、内部滑面开始产生时,边坡模型坡体力链分布图,从图中可以看出滑面产生的位置正是图 5.7-7 中分界线的位置,且在滑面产生的位置力链出现了间断,即坡体刚刚开始发生滑动时,滑面的产生使得力的传递出现了不连续现象。

图 5.7-5 是土石混合边坡在自重作用下卸荷平衡后的边坡力链分布图,从图中可以看出边坡内部接触力链的分布情况与图 5.7-3 中纯土体边坡的力链分布明显不同,图 5.7-5 中力链的分布明显比纯土质边坡的力链分布复杂,尤其是在块石周围存在明显的剪切环,由于块石的存在,边坡内部接触力链的分布在遇到石块时会绕开石块,形成沿块体边缘的剪切闭环传力路径。浅层的力链分布明显有所改善,明显比纯土体边坡密集。图 5.7-6 是砂卵砾石混合体边坡滑面形成初期内部力链突变的分布情况,从图中可以看出,与纯土体边坡滑坡初期的力链分布相比,存在很大不同,块石的存在使得砂卵砾石混合体边坡的力链不会出现完全间断的现象。

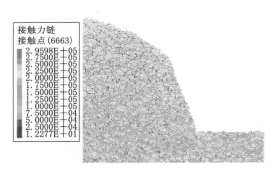

图 5.7-3 纯土体边坡自重平衡下的
边坡力链分布图（单位：N）

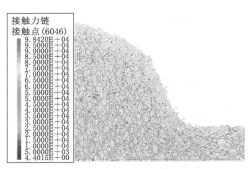

图 5.7-4 纯土体边坡滑面形成初期的
力链突变分布图（单位：N）

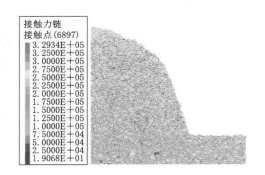

图 5.7-5 土石混合边坡自重平衡后
力链分布图（单位：N）

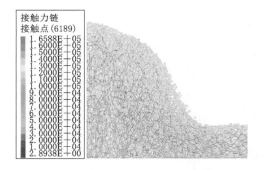

图 5.7-6 土石混合边坡滑面形成初期的
力链突变分布图（单位：N）

5.7.3 边坡滑面形成过程对比分析

通过强度折减算法流程估算边坡安全系数。图 5.7 - 7 为通过边坡滑面搜索机理得到的纯土体边坡内部滑面发展演化的过程，经过强度折减法计算发现，该纯土体边坡的安全系数约为 1.10，图中分别记录了边坡计算 5 万步［图 5.7 - 7（a）］、20 万步［图 5.7 - 7（b）］、35 万步［图 5.7 - 7（c）］、50 万步［图 5.7 - 7（d）］时滑面的演化过程。从图 5.7 - 7（b）中可以看出在计算到 20 万步时边坡表面颗粒开始发生松动并产生向下滑动现象，同时边坡内部潜在滑面逐渐开始向上扩展。随着计算步数的增加，边坡内部滑面从边坡底部位置处继续向上发展，从边坡滑面发展演化的过程可以看出，边坡滑动面的发展方向较单一，且随着时间步的增加滑面逐渐向边坡内部扩展。

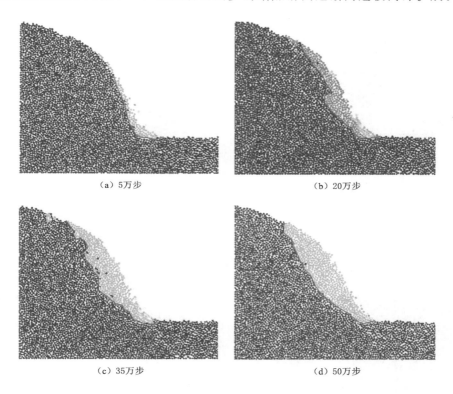

（a）5 万步	（b）20 万步
（c）35 万步	（d）50 万步

图 5.7 - 7　纯土体边坡滑动面发展演化的过程

图 5.7 - 8 为砂卵砾石混合体边坡滑面发展演化过程，其中边坡的安全稳定系数取为 1.09，图中分别记录了计算 5 万步［图 5.7 - 8（a）］、20 万步［图 5.7 - 8（b）］、35 万步［图 5.7 - 8（c）］、50 万步［图 5.7 - 8（d）］时的边坡内滑面发展过程中的演化特征，从图中可以看出该边坡在 5 万步时底部颗粒开始产生向下滑动，20 万步和 35 万步时，边坡滑面逐渐向边坡内部和顶部扩展，同时从图 5.7 - 8（b）～（d）中可以看出受边坡内砂卵砾石分布的影响，边坡的稳定性显著降低，边坡滑面与纯土体边坡滑面相比，其滑面主要穿过块石之间的薄弱区域，并且向边坡内部和顶部扩展的范围较广。

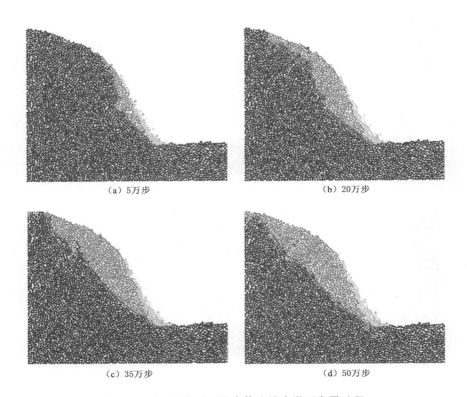

(a) 5万步　　　　　　　　　　　　　　(b) 20万步

(c) 35万步　　　　　　　　　　　　　　(d) 50万步

图 5.7-8　砂卵砾石混合体边坡内滑面发展过程

　　图 5.7-9 中边坡与图 5.7-1 中边坡相似，地质情况相似，滑坡的形状也接近，从图中可以看出滑面位置与滑坡情况和上述模拟结果基本吻合。

图 5.7-9　现场出现的边坡滑面

　　为了更加准确地描述该砂卵砾石混合体边坡的稳定性，同时求得土石混合边坡的安全系数，在边坡模型滑坡体内选取了 4 个监测点（测点 1 和测点 2 分别位于坡脚和坡顶、测点 3 和测点 4 均位于坡中），分别监测了不同强度折减系数下 4 个测点的位移值并进行记录，监测结果见图 5.7-10，为了准确记录监测点位移变化情况，四组工况下的位移曲线均是计算时步为 50 万步时的位移监测结果，从位移曲线中可以看出，强度折减系数为 1.0 时，4 个监测点的位移曲线均在某一个水平值上下浮动，即边坡处于稳定状态；强度折减系数为 1.05 时，测点 1 的位移明显较大，且其余测点位移也开始有上升的趋势，即边坡下沿开始发生滑动现象；当强度折减系数达到 1.10 时，4 个测点的位移均已达到较大值，且测点 1 的位移始终是最大的，即边坡完全失稳，发生滑坡；强度折减系数为 1.15 时，边坡的滑动更加明显，表层完全错动，即滑坡形成。由整个过程可以得知：此边坡的强度折减系数在 1.05～1.10 之间。由于坡脚位移最大且最早发生，因此，可推断此滑坡属于牵引式滑坡。

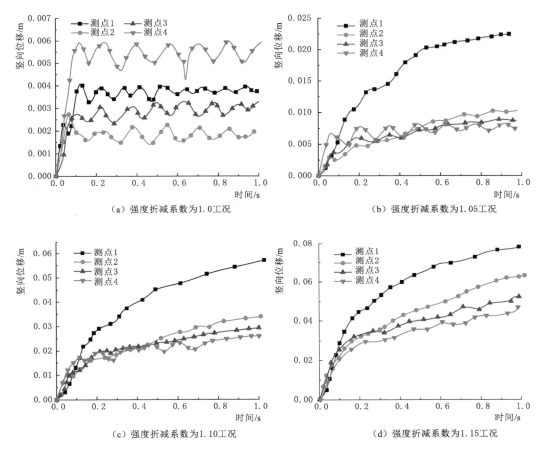

图 5.7-10　不同强度折减系数下监测点位移

为了进一步分析土石混合边坡的滑坡破坏机理，基于颗粒流离散元数值计算平台分别构建了含石率 a 为 10%、20%、30%、50% 的土石边坡混合体数值计算模型，并分别对其展开了边坡稳定性数值分析，不同含石率下边坡滑面扩展演化过程见图 5.7-11，上述四种不同含石率边坡稳定性系数分别为 1.12、1.15、1.2、1.3。从上述模拟结果可以看出在含石率为 10%、20% 时，滑面发展状况基本一致，都穿过石块缝隙自下而上逐渐发展，但随着含石率的逐渐增加，边坡滑面逐渐向内部扩展；当含石率为 30%、50% 时，滑面逐渐向边坡顶部和内部区域发展，且随着含石率的逐渐增加，边坡滑面向顶部和内部扩展的区域越大。与此同时，由于含石量的增加使得边坡的稳定性受到显著影响，导致边坡的破坏模式和破坏区域发生显著改变，由较小范围的局部滑动变为大范围整体滑动破坏，且滑坡体的体积明显高于含石率为 10% 和 20% 的边坡。

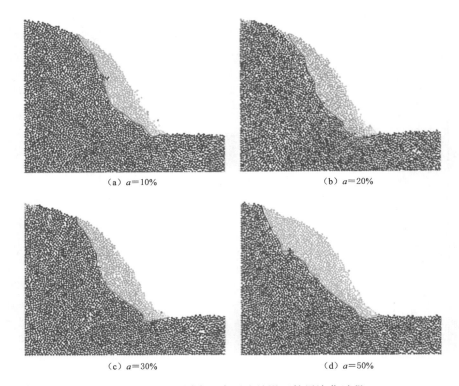

（a）a=10%　　　　　　　　　　　　　（b）a=20%

（c）a=30%　　　　　　　　　　　　　（d）a=50%

图 5.7-11　不同含石率下边坡滑面扩展演化过程

5.8　本章小结

（1）在岩土介质中，宏观的变形破坏规律及力学特性很大程度上依赖于其内部细观结构特征，如何对这些细观特征进行描述并随机重构，进而用于力学分析，是细观岩土力学研究的重要内容。

对于二维数值模型，可采用多边形随机构成或者傅里叶分析进行颗粒重构。经过对不同外形颗粒进行傅里叶分析对比研究，获得包含了土石颗粒的大量轮廓信息，基于傅里叶变换和逆变换原理的分析方法简单可靠，易于实现，可以广泛应用于土颗粒或土石混合介质细观特征的识别与重构；对于三维数值模型，一般采用激光扫描、CT 扫描等技术，并可以采用椭球表面构造多面体描述三维颗粒和基于球谐函数的三维细观特征刻画与力学特性分析等方法对颗粒进行简化，保证每个颗粒轮廓由 2000～5000 个三角形构成，往往能获得较好的精度，计算量也可以承受。针对散体颗粒，建立了一种简易快速三维随机重构方法，首先取样并扫描颗粒轮廓，然后将每个颗粒细观信息归一化，再对所有颗粒进行相同切面获得轮廓线集，对典型切面轮廓线进行傅里叶分析，并随机生成轮廓线，最后利用随机轮廓线推测出颗粒的轮廓。该种方法生成的随机颗粒其表面轮廓特征与原颗粒非常接近，可保证砂卵砾石颗粒细观特征的精确识别与构造。

（2）基于颗粒离散元计算原理，构建了基于模型边界控制的刚性伺服、柔性伺服建模方法，并采用 AutoCAD 控制建模范围，颗粒投放区域可视化程度高，修改与处理方便，减少了 PFC2D 中 Wall 生成单个输入的缺陷，该接口程序可作为 PFC2D 的有益补充；采用逐步膨胀法使颗粒逐步充满研究区域的同时通过伺服机制控制边界 Wall 的运动，可使边界 Wall 平均接触力达到很小，从而得到满足要求的低应力、均孔隙度模型。该方法采用移动边界 Wall 的方法释放应变能，抑制了建模过程中的颗粒飞溅问题。

（3）基于数字图形识别岩块的细观构成，利用元胞自动机建立了细观矿物随机构造方法，然后利用二维颗粒离散元数值试样，通过室内试验标定细观参数，给出了一种可以简单、快速获取不同类型矿物细观参数的标定流程，可为胶结混合体的细观力学参数标定提供重要依据。

（4）基于颗粒流方法和室内剪切试验，进行了砂卵砾石混合体介质的直剪试验模拟。结果表明砂卵砾石混合体直剪试验剪切面并非一个平面，而是存在一个带内变形以设计平面为中心呈 S 形变化的剪切带，块石最大粒径越大则剪切面影响范围越广，块石刚度越大则剪切面越粗糙；块石存在某种程度上控制着滑面的形成和形态；在高围压下其介质特性表现为应变硬化、低剪胀率、不排除剪缩的情况，而在低围压下则容易发生剪胀现象，这与重塑样试验结果基本一致；土石颗粒剪切面的摩擦主要是由块石间的咬合力提供，该方法可作为工程砂卵砾石混合体确定力学参数的有益补充。

（5）利用颗粒流方法开展了土石混合介质三轴压缩试验模拟研究，分析了含石率、骨料细观特征、随机分布对宏观抗剪强度特性的影响。结果发现：不同含石率下，随着含石率的增加，土与碎石的内摩擦角不断增大，而土与碎石混合体的黏聚力先减少后增大。随着含石率增大，块石之间挤压、咬合作用显著，内摩擦角增加显著；数值模拟应力应变规律与室内试验基本一致，应力-应变曲线也是硬化型曲线，没有明显的峰值强度；颗粒流数值模拟土石混合介质的强度特性具有良好的可信度。

（6）利用元胞自动机模型对随机离散单元进行演化，模拟砂卵砾石混合体的分布结构、"聚团"特征，利用弹性应力波传播原理计算波的等效速度，研究了介质分布、软硬程度对动力学参数的影响规律。研究发现：混合介质的波速由基质与充填物共同决定，基质材料越弱，波传播速度越慢，二者呈对数变化；碎石含量越高，则波速越快，波速与充填碎石块含量呈对数关系增长，而振幅衰减系数与碎石含量关系不大，主要取决于碎块石的分布结构；由于堆积体介质密度不均，导致堆积体内波传播速度与输入波频率密切相关，高频波速度快、低频波速度慢，横波速度与输入波频率呈指数递增关系。基于元胞自动机模型研究动变形参数，可以更好地反映出砂卵砾石混合介质的波动力学性能，是一种获得复杂介质动参数的重要方法，可以弥补室内及现场试验的不足。

（7）基于 OpenFOAM 与 PFC3D 耦合的计算方法建立了模拟砂卵砾石边坡的流固耦合方法，通过将基于 OpenFOAM 的 CFD 求解器与 PFC3D 耦合来解决流体-颗粒相互作用问题，探讨了砂卵砾石边坡的变形破坏机制。

第6章 地质建模技术在砂卵砾石层勘察中的应用

为了实现建设于砂卵砾石层市政工程的三维可视化，本书在已有三维建模软件基础上研发了市政版三维地质建模系统，是一款可进行三维地质建模、分析和辅助设计并运用到市政工程领域的软件，设计定位是按照"大岩土"工作理念设计，面向未来岩土体工程领域勘察、分析、设计一体化流程三维计算机化工作方式的需要，构建含属性的三维地质模型，并在模型基础上开展岩土力学分析和岩土工程设计。三维地质建模的实质是建立"含属性三维地质模型"，通过数据库和图形一体化、三维图形内部几何信息和属性信息一体化的方式，满足勘察、分析、设计一体化的需要。

6.1 建模平台及原理研究

地质体三维建模的核心内容是描述已有地质对象的几何形态和工程特性（数据值），这与很多计算机辅助三维设计软件，如 Autodesk、CATIA、MicroStation 完全不同，这些产品服务于勾画出一个现实不存在的对象，重点是几何形态，基本不涉及工程特性。地质建模是描绘一个已经存在的自然对象，且可供建模的资料往往很少，采用 DSI 理论和约束技术模拟其形态特征的中心任务是利用这些少数已知数据合理地"推测"出其余部分的形态，其中的其余部分具有不确定性，是地质体不确定性的典型代表。针对结构体的三维设计软件则强调准确和确定性，任何一个细节完全可知和可控，这种差异决定了软件功能设计和用户使用模式的显著差别。

基于自然地质体和地质工作的固有特点，平台地质体建模基于离散数学（Discrete Mathematics，DM）理论。DM 理论不仅是几何建模的核心，也是立方网稀疏数据空间插值处理的关键，能够帮助将少数部位的测试数据推广到给定的三维空间（地质单元体）内。这里的数据是一个通用性术语，可以是物探指标、矿山资源化验结果、土体静探或试验值等，用户可以根据自己的需要进行具体参数指标值的空间处理和运算（通过脚本实现）。物探解释、数据属性建模是立方网技术的典型用途之一，允许在没有几何信息条件下根据地质体特性构建出其空间形态特征，突破了传统 CAD 单纯依赖几何坐标建模的工作模式。此外，在完成几何建模以后，地质界面组合往往勾画了地质单元的几何形态，地质单元体固有的特征和变化性则利用"充填"在该单元体内部的网格所携带的数据值表达，实现"形"（几何形态）、"魂"（工程特性）兼具的目标，这种形魂兼具的模型被定义为"含属性三维地质模型"。特别地，形和魂是地质体固有的两种内在属性，但二者并非相互独立，因此，基于DSI理论的三维地质建模实现了对地质体形、魂的一体化和交互。体现在现实中，前者对应于利用几何形态获得某些工程特征值（如等值面、等高面等），后者的典型用途是利用测试数据分析地质体几何特征，如利用静力触探试验和土工试验结果进行土体分类、物探结果的地质解释等。

从系统构成的角度，系统包含两大模块，即数据库与图形界面，两者相辅相成，有机地结合在一起。前者是主要的操作界面，是建立、查看、处理模型的窗口，后者包含地质信息的储存、数据的统计、处理。三维空间属性是三维地质建模数据库典型的特点之一，数据库表单中储存的几乎所有信息都与三维空间位置关联，因此都可以"归位"到三维空间及其对应的地质背景条件。虽然三维地质建模数据库可以独立运行，但本质上是系统的一个有机部分，不仅为建模和分析提供资料，还使数据库实现了对地质体属性的定义。

从工程应用的角度，系统包含三大功能模块，即数据库与数据交互、建模与数据处理、应用与成果输出（图6.1-1）。其中的数据库与数据交互对应于日常工作中勘察资料的采集、保存、业内整理，以及不同专业之间协作所需要的数据交互。建模与数据处理是引入三维工作模式以后的一个中转平台，其作用是勘察资料转化成包括地质边界和岩土力学特性的"含属性的三维地质模型"。而应用与成果输出对应于日常工作特定问题的分析评价和工程设计。

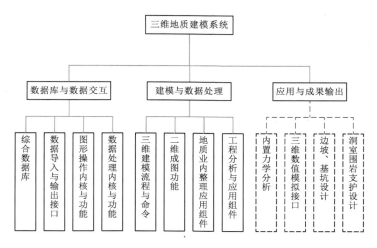

图6.1-1　三维地质建模系统功能组成

图6.1-2中，三维地质建模系统的应用流程包括三个阶段：

（1）建立数据库：是相对烦琐的工作阶段，但十分关键。完善的数据库可以大大提高工程地质内业整理的效率，而且是建模和模型应用的基础。

（2）创建含属性的三维地质模型：创建的模型不仅需要包含地质体空间几何形态特征，还需要包含岩土工程分析和设计需要的基本信息（力学参数值）。

（3）模型应用：包括三大方面，即二维成图、岩土体专题问题分析、岩土工程设计。三维地质建模包含相关专题问题的经验分析和解析法分析，数值分析将是下一阶段的发展方向。

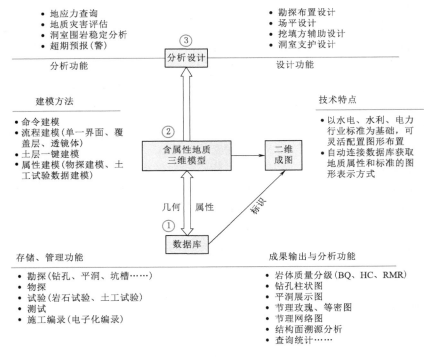

图 6.1-2　三维地质建模系统应用流程及主要功能

6.2　砂卵砾石层三维地质建模研究

在砂卵砾石层三维地质建模研究中，以兰州轨道交通一号线一期工程迎门滩站为例进行三维地质建模。该工程（陈官营—东岗段）西起西固区陈官营、途经崔家大滩、迎门滩、马滩、西客站、西关什字、东方红广场至东岗，线路全长 26641.213m，皆为地下线路，共设车站 20 座，见图 6.2-1。

图 6.2-1　迎门滩站位置示意图

拟建迎门滩站钻探深度内地层自上而下划分为 4 层：地表一般分布有人工填土，人工填土之下在迎门滩站西北侧存在少量第四系全新统的冲积黄土状土，其下为第四系全新统卵石土及中砂透镜体，最下为第四系下更新统卵石。地层情况分述如下：

1-1 杂填土（Q_4^{ml}），杂色，广泛分布于本场地地表和道路表面、建筑场地表面，成分复杂，以粉土、中粗砂、卵石、圆砾为主，含砖块、水泥块（板）、煤渣、生活垃圾等，一般稍密，路基基础经压实处理，达密实状态。

2-1 黄土状土（Q_4^{al}），灰黄色～深灰色，硬塑，大孔隙、针状孔隙及虫孔发育，有铁锰质及钙质条纹，含植物根系、蜗牛壳、云母片等，具水平层理。塑性指数 I_p 平均值为12.5，室内定名为粉质黏土，为中等压缩性土。该层仅分布于 II 级阶地上部。该层土层从上至下，灰黄色部分的粉粒含量较高，深灰色部分的黏粒含量较高。

2-10 卵石（Q_4^{al}），杂色～青灰色，密实，局部夹有薄层或透镜状砂层，分布于黄土状土或杂填土之下。据颗分资料及现场调查，该层漂石、卵石含量占 55%～70%，一般粒径为 20～60mm，漂石含量较少，最大粒径可达 500mm；砾石含量占 10%～25%；中粗砂充填。卵石、砾石母岩成分主要为砂岩、花岗岩、石英岩、硅质岩、钙质泥岩、燧石等。级配不良，磨圆较好，分选性较差，水下部分饱和。

3-11 卵石（Q_4^{al}），土黄色，饱和，密实，局部夹有薄层或透镜状砂层，广泛分布于 Q_4 卵石层下部。据颗分资料及现场勘探，该层漂石与卵石含量占 55%～70%，一般粒径为 20～50mm，漂石含量较少，最大粒径可达 450mm；砾石含量占 10%～25%；中粗砂充填。卵石、砾石母岩成分主要为砂岩、花岗岩、石英岩、硅质岩、燧石等。级配不良、磨圆较好、分选性较差。局部呈泥钙质弱胶结，岩芯可形成块状，胶结分布规律性不强。据区域资料，该层厚度可达 200～300m。

流程操作是三维地质建模的一大特色，其设计意图是帮助用户快速实现建模过程，流程实际上是针对特定需要将创建和编辑命令组合在一起，快速实现相应的目标。三维地质建模提供多种流程建模方式（图 6.2-2）。流程建模的一个重要特点是允许参考一个或多个可靠的对象进行人工干预，以体现地质面彼此之间的关系。建模过程的本质是逼近拟合，是一种数学方法，人工干预的意义在于数学方法获得的结果符合地质规律，因此是建模过程中极其重要的环节。

在所有流程建模方式中，单一界面建模流程（图 6.2-3）适用面最大，该流程针对地质调查或勘探为主、物探为辅的条件设计，可以快速构建连续的地质界面，包括地层面、构造面、侵入界面、覆盖层底板等。单一界面建模流程可以使用地质调查、勘探、物探、推测等手段中任意一种或任意多种方式获得资料建模。

以兰州轨道交通工程迎门滩站为例，综合初勘、详勘资料，考虑车站主体及附属结构，勘探点布置见图 6.2-4，录入钻孔信息，钻孔三维展布见图 6.2-5，建立三维地质体模型见图 6.2-6，各地层产状三维展布分别见图 6.2-7～图 6.2-10，各地层分界面见图 6.2-11。

地质界线清晰明了，各地层一目了然，可更为直观、易懂地表述地层相互关系，有利于各专业对整个地质体地层信息的了解，这是从面到体的飞越。

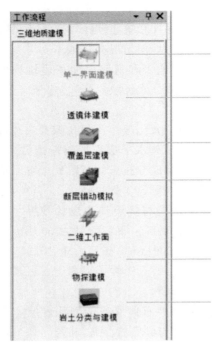

利用勘探资料创建一般性地质界面，包括地层、断层等。地层建模时可以进行一定的编辑，但不包括断层错动的修正编辑

利用钻孔等勘探资料创建透镜体，允许人工添加推测的透镜体边界，作为参考信息

利用钻孔、平洞、地表露头点等勘探资料创建覆盖层，允许参考地表形态、岩性等条件添加推测的厚度

在创建地质界面时可先不考虑断层错动的影响，可利用该流程对此进行修正

对勘探点之间可能存在的起伏等进行人工干预，采用二维修改、三维联动的方式

以物探成果为依据、没有勘探或采用少量勘探成果的建模方式，包括多指标物探综合解译、及利用物探成果构建地质界面

对土层依据测试数据进行分类，然后创建各类土体空间模型，并利用能获得的分层结果进行修正。对岩层根据岩性编录进行分类，重点是甄别彼此相关的界面露头，创建模型(考虑产状)

图 6.2 - 2　三维地质建模方式

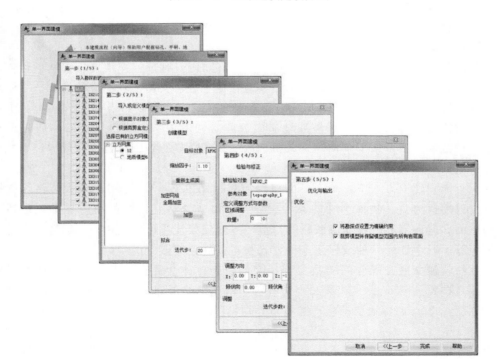

图 6.2 - 3　单一界面建模流程示意图

图 6.2-4 勘探点布设

图 6.2-5 钻孔展布

图 6.2-6 三维地质模型

图 6.2-7 杂填土层产状三维展布

图 6.2-8 黄土状土层产状三维展布

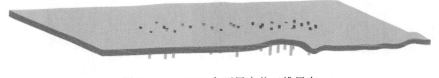

图 6.2 - 9　2-10 卵石层产状三维展布

图 6.2 - 10　3-11 卵石层产状三维展布

图 6.2 - 11　各地层分界面

6.3　成果输出及技术处理研究

1. 二维地质剖面

三维地质建模系统的二维地质剖面出图十分简便，各种出图设置非常丰富，并且提供两种地层分界线连线方式，一种是类似于常规勘察方法的直线连接，另一种是根据地形与钻孔信息进行连线。针对本案例，由于地层信息较简单，出图时差别不大，但是当地层情况非常复杂时，第二种方法表现出优越性，对地层的推测更为合理，出图也更为漂亮。本案例 1 - 1' 工程地质剖面图见图 6.3 - 1。

2. 钻孔柱状图

三维地质建模系统可以轻松输出每个钻孔的钻孔柱状图，并根据需求对钻孔柱状图包含项目进行设置，操作简便。X1Z - 207 钻孔柱状图见图 6.3 - 2。

3. 数据统计分析

三维地质建模拥有功能非常强大的数据库功能，在建模的同时，可以将地勘工作有关的所有有用信息存入数据库（图 6.3 - 3 和图 6.3 - 4），不仅可以为建模和分析提供资料，实现对地质体属性的定义、统计、处理，而且可以为后期的分析、设计提供地质信息，为勘察、分析、设计一体化奠定基础。三维地质建模数据库功能见图 6.3 - 5。

4. 透镜体及尖灭处理

本工程位置恰好处于黄河 Ⅱ 级阶地前沿与高漫滩的分界带，2 - 1 黄土状土层（Q_4^{al}）呈尖灭状态（图 6.3 - 6），2 - 1 黄土状土层与 2 - 10 卵石层接触关系见图 6.3 - 7。

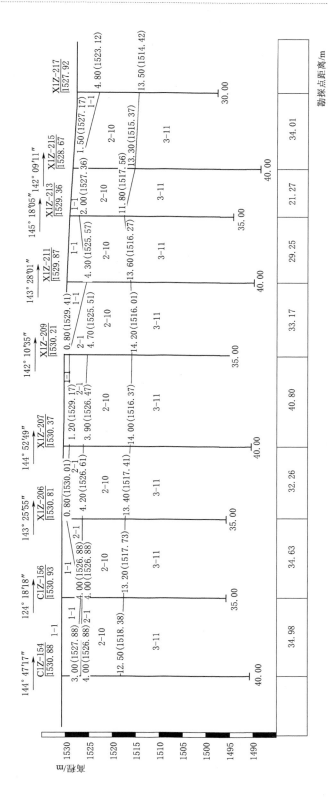

图 6.3 - 1 1 - 1'工程地质剖面图

					X1Z-207钻孔柱状图											

工程项目		迎门滩				设计阶段	施工详图设计	钻孔位置	迎门滩站	施工单位		
孔口坐标		X: 38490.5 Y: 57826.3	地面高程		1530.4m	孔深	40m	孔斜	90°	开竣工日期		

地层时代	地层代号	层底高程/m	层底深度/m	层厚/m	柱状剖面及钻孔结构 1:200	深度标尺/m	风化程度	岩芯采取率/%	平均值 采取率/% RQD %	岩芯描述	钻进方法孔内情况及终孔处理	回水颜色	稳定水位(m)及日期	透水率/Lu	渗透系数/(m/d)	取样位值及编号
Q₄	1-1	1529.2	1.2	1.2		2				灰褐色；松散；稍湿；表部12cm为灰黑色沥青路面，下部以粉土为主，灰色，含有30%圆砾，个别卵石，最大粒径约5cm，较干燥						
Q₄	2-1	1526.5	3.9	2.7		4										
Q₄	2-10					6 8 10 12				褐黄色；松散；潮湿；以粉土为主，含少量卵石，一般粒径2~3cm						
		1516.4	14	10.1		14				灰色；密实；饱和；以卵石为主，含量约占60%，最大粒径约13cm，一般粒径为3~8cm，亚圆形，磨圆较好；其次为圆砾，含量约20%，粒径一般为0.5~2cm，充填中细砂，砂的成分以长石、石英为主。卵石、圆砾的主要成分为灰岩、石英岩、花岗岩						
Q₁	3-11					16 18 20 22 24 26 28 30 32 34 36 38				灰色；密实；饱和；以卵石为主，含量约占55%，最大粒径约12cm，一般粒径为3~6cm，浑圆形，磨圆较好；其次为圆砾，含量约25%，一般粒径为0.5~2cm，中细砂充填。砂的成分以长石、石英为主。卵石、圆砾的主要成分为灰岩、石英岩、花岗岩						
		1490.4	40	26		40										

审查		校核		资料整理		数据输入		图号	

（柱状剖面图中标注 φ130mm）

图 6.3 - 2　X1Z - 207 钻孔柱状图

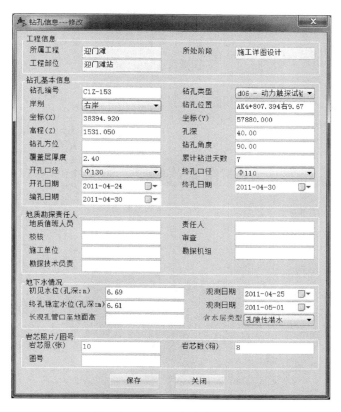

图 6.3-3 钻孔基本信息录入

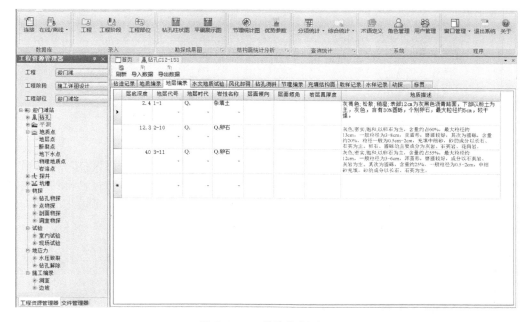

图 6.3-4 钻孔数据录入

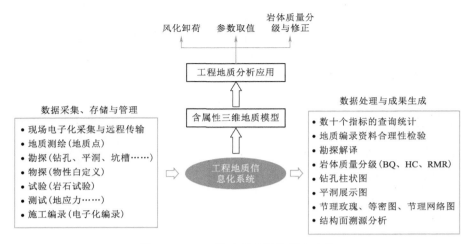

图 6.3-5　三维地质建模数据库功能

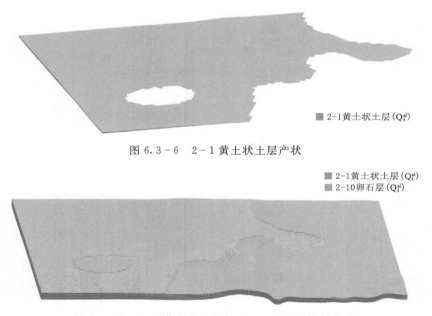

图 6.3-6　2-1 黄土状土层产状

图 6.3-7　2-1 黄土状土层与 2-10 卵石层接触关系

　　对不规则面的局部修正、彼此相交（针对地层尖灭、断层错动、透镜体）等情况，常规软件很难处理，三维地质建模系统将地形数据与钻孔数据相结合，通过精确约束与模糊约束，生成地层信息，可以很方便地进行调整，经过不断修正与更新，可以不断逼近实际情况，相对于常规勘察方法，三维地质建模系统的优势也更为突出。

6.4　三维地质模型应用研究

1. 车站结构与地层关系

　　建立三维地质模型后，可以轻松得到车站结构与地层的相对关系，可以更为直观、全面、准确地展示与分析地质信息，得到车站结构任何位置处的地层信息（图 6.4-1 和图 6.4-2）。通过这些准确的地质信息，可以优化设计，指导施工，使设计与施工更加高效、经济。

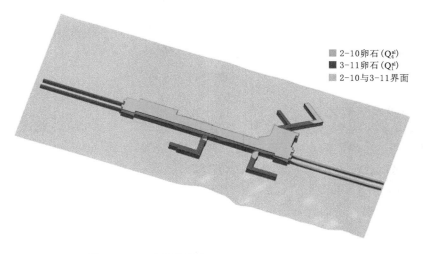

图 6.4-1　车站结构与地层关系（含地层界面）

图 6.4-2　车站结构与地层关系

2. 车站结构与地下水关系

通过建立三维地质模型，可以从三维角度展示地下水的情况（图 6.4-3），进而得到车站结构与地下水的关系（图 6.4-4），对结构设计及降水有非常大的指导作用。

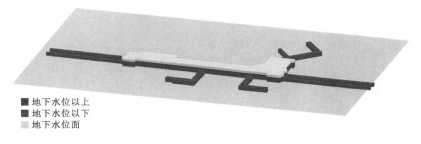

图 6.4-3　车站结构与地下水关系（含地下水位面）

■ 地下水位以上
■ 地下水位以下

图 6.4－4　车站结构与地下水关系

3. 车站结构模拟开挖

迎门滩车站拟采用明挖施工，利用三维地质模型，可以模拟基坑开挖时的地质情况，车站结构模拟开挖边界见图 6.4－5，对车站结构进行模拟开挖（图 6.4－6），车站结构模拟开挖体地层情况见图 6.4－7，对开挖体进行地层分层展布，以更好地展示开挖体的地质情况，见图 6.4－8，甚至可以计算出开挖体各层土体的土方量，指导施工准备和施工组织。通过模拟开挖，得的有效信息可用于基坑支护、结构设计、施工组织等一系列后续工作，对设计、施工等都有非常大的指导意义。

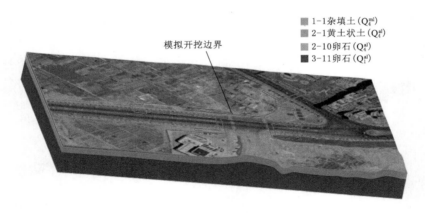

■ 1-1杂填土 (Q_4^{ml})
■ 2-1黄土状土 (Q_4^{al})
■ 2-10卵石 (Q_4^{al})
■ 3-11卵石 (Q_4^{al})

模拟开挖边界

图 6.4－5　车站结构模拟开挖边界

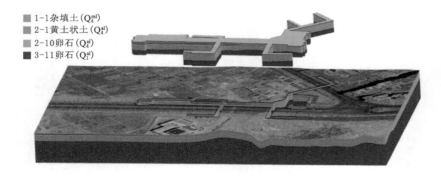

■ 1-1杂填土 (Q_4^{ml})
■ 2-1黄土状土 (Q_4^{al})
■ 2-10卵石 (Q_4^{al})
■ 3-11卵石 (Q_4^{al})

图 6.4－6　车站结构模拟开挖

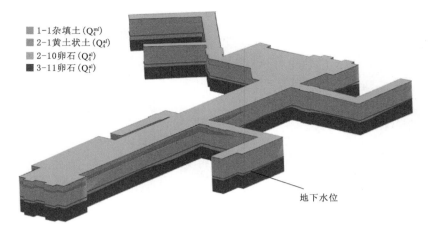

■ 1-1杂填土（Q_4^{ml}）
■ 2-1黄土状土（Q_4^{al}）
■ 2-10卵石（Q_4^{al}）
■ 3-11卵石（Q_3^{al}）

地下水位

图 6.4-7　车站结构模拟开挖地层展示

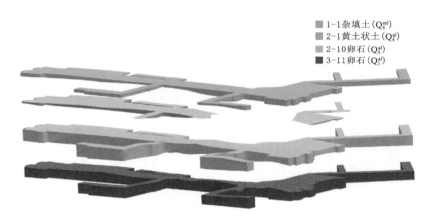

■ 1-1杂填土（Q_4^{ml}）
■ 2-1黄土状土（Q_4^{al}）
■ 2-10卵石（Q_4^{al}）
■ 3-11卵石（Q_3^{al}）

图 6.4-8　车站结构模拟开挖地层分层展布

4. 虚拟地质剖切

三维地质模型建立以后，可以在任何感兴趣的位置建立剖面，进行地质剖切，了解该位置的地质情况，对整个地质的概念完成了从面到体的转变。图 6.4-9 中，建立交叉的两个剖面Ⅰ-Ⅰ′和Ⅱ-Ⅱ′，进行剖切（图 6.4-10），可以得到剖面见图 6.4-11。

5. 其他应用

（1）辅助设计：系统提供与 Autodesk 产品、CATIA、MicroStation 等国内结构设计专业采用的几乎所有三维平台的接口功能，并且可以实现模型导入到 FLAC3D 进行数值模拟，为实现勘察、分析、设计一体化，打下了坚实的基础。

（2）结构面统计与溯源分析：结构面统计指传统的走向玫瑰图、等密图等，溯源分析是三维地质建模系统的特色功能，可以帮助筛选出关键性结构面露头和分析它们的空间分布特征，对复杂问题研究（如分析结构面控制的变形体边界和空间形态、变形模式等）十分有用。

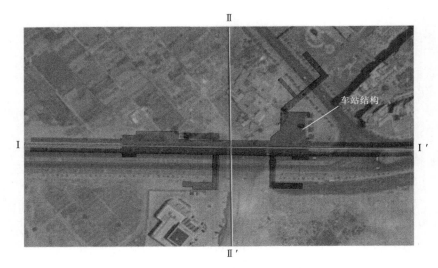

图 6.4-9　虚拟地质剖切剖面线

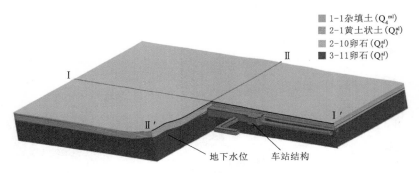

图 6.4-10　虚拟地质剖切

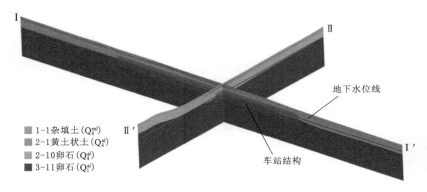

图 6.4-11　虚拟地质剖切剖面地层展示

（3）岩体质量分级：典型的专业功能之一，利用数据库资料实现 BQ、HC、RMR 三种方法的岩体质量分级，对工程应用大有裨益。

（4）其他应用：三维地质建模集成了稳定分析、支护设计、场平设计等一系列的专业功能，并在不断扩充，应用范围将越来越广。

6.5 本章小结

（1）市政工程三维地质建模系统，包括三大功能模块，即数据库与数据交互、建模与数据处理、应用与成果输出，可实现勘察资料的采集、保存、业内整理，包括地质边界和岩土力学特性的"含属性的三维地质模型"，及不同专业之间协作所需要的数据交互。通过开发的三维地质建模系统，可以实现地质建模的流程化、成果输出的准确化、模型应用的多样化。

（2）按照"大岩土"工作理念，未来采用三维计算机化工作方式的岩土工程领域勘察、分析、设计，甚至是施工组织管理的一体化流程，将是主流发展趋势。实现这种一体化，可以让项目的各个参建方在工程建设的全寿命周期内充分共享信息，不断补充完善，共同管理，降低工程造价，提高工程质量，这也是实现"建模是基础、分析设计是目的"的关键所在。

第7章 砂卵砾石层工程地质分类及施工等级划分研究

7.1 砂卵砾石的物质成分和组构特征

工程实践表明，不同区域、不同流域砂卵砾石层的物质成分和结构特征与其工程性质具有密切的关系，因此它是砂卵砾石层工程地质分类和岩土施工分级的基础。本研究中砂卵砾石层指广义的河流冲积、冰水（冰碛）堆积等非重力分异沉积搬运过程中形成的，具有一定层厚的堆积物。砂卵砾石层堆积物的物质成分和结构特征主要表现在以下方面。

1. 颗粒组成的不均一性

由于河流砂卵砾石层尤其是冰碛堆积物属非重力分异沉积，因而常表现为巨粒土、粗粒土和细粒土的混杂堆积，其颗粒组成具有显著的不均一性。冰碛堆积物中大漂石（块石）大者直径可达 10m，而其中细粒填隙物的黏土颗粒直径可小于 $1\mu m$，两者之比高达数百万倍，这种不均一性以不均匀系数（如 d_{60}/d_{10}）表示，据研究数十个工程典型砂卵砾石层的不均匀系数，其平均值可达 500。

高度的不均一性还决定颗粒组成的多级性。按颗粒粒径含量，砂卵砾石层堆积物实际上包括了粒径＞2000mm 的巨石、200～2000mm 的漂石（块石）、60～200mm 的巨粒、2～20mm 的角砾、2～0.075mm 的砂砾、0.075～0.005mm 的粉粒和＜0.005mm 的黏粒等 7 种粒级所组成。颗粒组成的多级性决定砂卵砾石层的工程特性取决于多种粒组的叠加效应，尤其是＜0.075mm 的粉粒和黏粒的作用，而非仅由含量大于 50％粒组性质所决定。

2. 结构单元的双元性

尽管砂卵砾石层在颗粒组成上具有多级性和不均一性，但粗碎屑沉积物的组构单元上仅包括骨架和基质两个单元，前者包括粗粒组（碎石、角砾）、巨粒组（漂石、块石、巨石）的所有碎屑颗粒，后者即杂基，为砂、粉粒、黏粒等填隙物质。对于无胶结的河流砂卵砾石层深厚覆盖层，可按照细观组构分为：骨架结构（骨架支撑）、悬浮结构（基质支撑）和过渡结构。

不同的细观组构在空间上可以组合成不同的宏观地质结构，例如在尼洋河左岸台地，骨架结构和悬浮结构在剖面上呈似层状分布，构成宏观上的似层状结构。因此，砂卵砾石层的细观结构类型是有尺度概念的。从工程地质观点来看，砂卵砾石层的工程地质性质除与骨架颗粒的颗粒级配有关外，还与基质的多少和成分密切相关。因此，工程地质分类不仅要关注粗粒、巨粒含量，还要特别考虑粉粒、黏粒含量。

3. 结构的无序性

由于沉积环境的不同，砂卵砾石层具有不同的分层或岩组。但对同一岩组而言，由于巨粒的漂石和碎石、粗粒的砂砾、细粒的粉土和黏土在无分选条件下快速混杂堆积，其宏观特征是分选性差、定向不明显、层理不突出、磨圆度较好。巨大的漂石、巨石（结构体）近无序地混杂在碎石、砂、砾、泥质物中，呈紧密的镶嵌状，在垂向上无明显的变化趋势。而粗大的漂石、块石常有一定的磨蚀（次圆、次棱角状）和分选现象，且粗粒的砂、砾和细粒的粉泥含量常因物源区岩石类型及运动堆积条件的不同而变化较大。

7.2 地下工程砂卵砾石层工程地质分类和岩土施工分级原则

根据砂卵砾石层的工程地质特征和岩土质量分类经验，砂卵砾石层的工程地质分类应遵循以下原则：

（1）科学性原则。必须抓住控制和影响砂卵砾石层工程地质性质的关键或主要因素，如堆积时代、粒径大小、密实程度、颗粒级配、粒度矿物组成和强度等进行分类。

（2）简单有效原则。分类方法和分类指标必须简单明了，即便于记忆和操作、便于推广应用、便于工程评价。

（3）兼顾传统原则。为了便于工程应用，对砂卵砾石层岩组划分等传统分类方案中有价值的方法、名称和指标应尽量采用。

（4）普适性原则。分类标准应充分适用于不同地区、不同流域砂卵砾石层地区地质体的工程分类。

7.3 地下工程砂卵砾石层工程地质分类和岩土施工分级

对于砂卵砾石层来说，由于颗粒组成对其工程地质特性有重要的影响和控制作用，因此工程地质分类的理论基础便是粒度组成与工程地质性质的相关关系。根据已有研究成果，砂卵砾石层的分类按照规范规定，其土体按粒组划分为巨粒岩组、粗粒岩组及细粒岩组等三个一级单元，又可进一步划分为漂石、卵石、粒砾、砂砾、粉粒、黏粒等六个二级单元。

针对地下铁道工程，根据颗粒粒径、密实程度、粗粒颗粒矿物成分和颗粒强度、开挖方式等，提出了砂卵砾石层工程地质分类和岩土施工分级方案（表 7.3-1）。这一分类与当前岩土工程勘察地层分类与施工分级相比，突出了地层施工难度的特点，充分体现了岩土工程"地质"与"工程"相互作用的科学性和实用性。

此外，根据砂卵砾石层土体划分标准，考虑工程开挖方式和岩土施工分级，当粒径大于 500mm 的颗粒质量超过总质量的 50% 时，可将砂卵砾石层划归为漂石 III 型土，对应岩土施工工程分级为 V；当粒径大于 300mm 的颗粒质量超过总质量的 50% 时，可将砂卵砾石层划归为漂石 II 型土，对应岩土施工工程分级为 IV_1；当粒径大于 200mm 的颗粒质量超过总质量的 50% 时，可将砂卵砾石层划归为漂石 I 型土，对应岩土施工工程分级为 IV_2；当粒径大于 20mm 的颗粒质量超过总质量的 50% 时，砂卵砾石层对应岩土施工工程分级为 IV_3。

表 7.3－1　地下工程砂卵砾石层岩土质量工程地质分类对应岩土施工分级表

岩土质量分类（一级）	岩土质量分类（二级）	粒组	粒径范围/mm	粗粒矿物名称及特征	密实程度	颗粒强度/MPa	开挖方式	岩土施工工程分级
IV	IV₁	漂石III型土	>500	各种硬质岩：硅质岩、石灰岩、花岗岩、玄武岩、片麻岩		>60	大部分能用液压冲击镐解碎，少部分需要爆破法开挖	V
		漂石II型土	500~300	块石、漂石土		>60	部分能用撬棍及大锤松动开挖，单钩裂土器松动开挖，部分需借助液压冲击镐解碎或部分用爆破方法开挖	IV₁
		漂石I型土	300~200	块石、漂石土		>60	部分能用撬棍及大锤开挖或挖掘机，单钩裂土器松动开挖	IV₂
	IV₂	卵石、碎石土	200~60	卵石、碎石土、含块石、漂石含量小于50%	密实（中密）		用撬棍及大锤开挖或挖掘机；挖掘机、带齿尖口装载机不能满载	IV₃（III）
			60~20	卵石、碎石土、含块石、漂石含量小于30%	密实（中密）		用撬棍及大锤开挖或挖掘机、单钩裂土器松动开挖，带齿尖口装载机不能满载	IV₃（III）
V	V₁	圆砾或角砾土	20~5	圆砾、角砾土	密实（中密）		必须用镐先全部松动才能用镐挖。挖掘机、带齿尖口装载机满载，大部分用松土器方能铲挖装载	III（II）
			5~2					
	V₂	粗砂	2~0.5	粒砂、粗砂、中砂、细砂、粉砂			部分用镐刨松，再用锹挖，挖掘机、带齿尖口装载机可满载，连耙数次才能挖动，胸膛锹、脚踏锹，带齿尖普通装载机可直接铲挖、普通装载机能铲装	I
		中砂	0.5~0.25					
		细砂	0.25~0.075					

注　岩土施工工程分级栏括号内的级别对应中密状态的砂卵砾石层。

7.4 岩土质量分类及对应岩土施工分级实例

某轨道交通工程地下区间砂卵砾石层由于其厚度大、层次多、物质成分不均匀、埋深各异、沉积时代不同，物理力学性质差异较大。尽管如此，砂卵砾石层各岩组仍可以根据其沉积时代、颗粒组成与粒径大小、成因类型、密实程度等方面对覆盖层的岩土体质量进行工程地质分级。在各项指标分析论证的基础上，类比砂卵砾石层工程常规物理力学指标经验值，适当折减调整后提出了砂卵砾石层不同质量类别下岩土体的参数建议值，具体见表 7.4－1。

表 7.4－1　　砂卵砾石层岩土质量分类和应岩土施工分级及物理力学参数建议值

岩土质量分类		岩组名称	密度/(g/cm³)		孔隙比	变形（压缩）模量/MPa	允许承载力/MPa	允许渗透坡降	渗透系数/(cm/s)	岩土施工分级
			天然	干						
Ⅳ	Ⅳ₁	含漂块石卵石土	2.2	2.1	0.30～0.35	50～60	0.60～0.65	0.30～0.35	1×10^{-4}	Ⅳ
	Ⅳ₂	含漂块石卵砾石土	2.05	2.0	0.37～0.40	40～50	0.50～0.60	0.15～0.20	4×10^{-2}	Ⅳ
Ⅴ	Ⅴ₁	含卵砾中细砂层	2.0	1.9	0.40～0.45	20～30	0.30～0.40	0.35～0.40	2×10^{-4}	Ⅱ

仅对河流复杂深厚砂卵砾石层岩土体工程地质分级方法提出一些探讨，从实际的工程地质工作需要、工程设计需要出发对该方法进行了分析。

7.5 本章小结

针对地下工程，根据颗粒粒径、密实程度、粗粒颗粒矿物成分和颗粒强度、开挖方式等，提出了砂卵砾石层工程地质分类和岩土施工分级方案，与当前岩土工程勘察地层分类与施工分级相比，突出了地层施工难度的特点，充分体现了岩土工程"地质"与"工程"相互作用的科学性和实用性。

第8章 隧道盾构工程中砂卵砾石层施工控制

砂卵砾石地层作为地基，具有较高的承载能力和较强的抗变形能力，是良好的地基持力层。但是当作为隧洞围岩和基坑边坡，砂卵砾石属于典型的力学不稳定地层，其物理力学特性与一般黏性土、黄土、软土以及复合地层等存在较大差别。该地层主要特点为胶结较差、结构松散、自稳能力差、卵石颗粒点对点传力、卵石颗粒强度高、颗粒间空隙大、渗透系数大、黏聚力小、内摩擦角大、颗粒粒径分布范围广等。特别是在河床或河漫滩地区，在砂卵砾石地层隧洞盾构掘进过程中，盾构推力与土压、水压平衡掌握不好，易产生超挖、隧洞冒顶涌水等问题，遇到大粒径和高强度漂、卵石颗粒时，强烈磨损盾构机刀盘需要配备合适的刀盘设备才能顺利施工。实际盾构施工表明，在富水卵石地层环境中，土压盾构相继遇到刀盘卡机、刀具磨损、螺旋机喷涌、固结泥饼、地面塌陷等问题；泥水盾构相继遇到掘进困难、卵石积仓滞排堵管、破碎机故障频发、刀盘刀具管路磨损、泥浆击穿河床等问题。

总而言之，砂卵砾石地层中盾构法施工为国内外工程界公认的难题，能否有效解决盾构施工的难题，将直接影响富水砂卵砾石地层隧道建设的成败。而解决这些难题，需对富水卵石地层进行全面准确的勘察与评价，常规的勘察和评价技术方法很难满足富水砂卵砾石地层隧道盾构施工的要求。因此，基于盾构施工的砂卵砾石层勘察与评价技术研究具有非常重要的工程价值和社会意义。本书以兰州某轨道交通工程富水卵石层（图8-1）的勘察评价和盾构施工为例，分析了基于盾构施工砂卵砾石地层的勘察和评价技术方法，其成果为进行盾构机针对性选型及设计，提高施工工效、延长盾构机使用寿命提供依据。

图8-1 工程区黄河近岸卵石层

8.1 砂卵砾石层的沉积特征分析

微胶结砂卵砾石地层一般是第四系冲洪积层及冰水沉积形成的，在距离母岩源头出山口具有一定距离的河谷地段，主要位于江、河等河床、漫滩及低阶地上，具有层厚较大、直接接触或邻近地表水、地下水含量丰富、流速较高、渗透系数大等特征。砂层透镜体及漂石层常分布其中，母岩主要是抗风化能力较强的花岗岩、石英岩、灰岩、砂岩等硬质岩，矿物成分多由以石英、长石为主的硬质矿物组成，形状多为浑圆状、扁平状，磨圆度较好，分选性较差。本研究场地主要地层为：

（1）全新统卵石层（Q_4），杂色，泥质微胶结，结构密实，局部夹有薄层或透镜状砂层，该层漂石和卵石含量占 55%～65%，一般粒径 3～7cm，漂石含量较少，最大粒径 55cm；圆砾含量占 10%～20%，中砂充填。卵石、圆砾母岩成分主要为砂岩、花岗岩、石英岩、燧石等。磨圆度较好，级配不良，分选性较差。

（2）下更新统卵石层（Q_1），杂色，泥质微胶结，结构密实，局部夹薄层或透镜状砂层，该层漂石和卵石含量占 55%～62%，一般粒径为 3～7cm，漂石含量较少，最大粒径 50cm；圆砾含量占 10%～25%；中砂充填。卵石、圆砾母岩成分主要为砂岩、花岗岩、石英岩、钙质泥岩、燧石等。磨圆度较好，级配不良，分选性较差。

8.2 砂卵砾石层特性对盾构施工的影响

1. 砂卵砾石层颗粒粒径对盾构施工的影响

盾构机穿越砂卵砾石地层时，刀具磨损和大漂石的排出是影响盾构掘进的两个主要问题。大漂石的排出问题比较复杂，处理方式因地质条件、盾构的类型，及刀盘和出渣装置的结构和形式而有所不同，具体分析见表 8.2-1。

表 8.2-1　　　　　卵石粒径对盾构施工的影响分析

项目	粒径分级/mm		
粒径	<200	>200	>300
刀盘形式	面板式、辐板式	辐板式、辐条式	辐板式、辐条式
盾构施工排除方式	常规排除方式，需与粒径相适应的螺旋输送机，不需增大刀盘开口率和开口宽度	常规排除方式，必须增大刀盘开口，增大螺旋输送机的直径	工作面破碎方式，刀盘上设计安装可对大漂石或卵石进行破碎的刀具
对盾构施工的影响	刀盘卡机、固结泥饼＼输送管道磨损、地面塌陷等问题		
	地质稳定性和经济性较好	刀盘开口增大，影响开挖面稳定；增大螺旋输送机直径引起排渣装置成本增加，并造成盾构空间布置困难	坚硬大漂石可使刀头偏移或被弹开，导致盾构转向，使盾构偏离隧道设计轴线

2. 砂卵砾石颗粒强度对盾构施工的影响

砂卵砾石地层含有大量高强度的卵石颗粒，导致刀具磨耗、盾构掘进效率降低。因此，需有应对高强度卵石的办法，一般刀具磨耗通过提高刀具耐磨性和在掘进过程中换刀来解决。

卵石层整体结构稳定性偏向软弱地层，而卵石颗粒破碎需按硬岩掘进机理来配置。因此，滚刀无法在掌子面形成连续的掘进轨迹，盾构机细部结构及强度、耐磨性上不可完全遵循软弱地层配置，也不可能遵循硬岩掘进机理来配置。所以，在细部配置上要根据砂卵砾石自身独特的性质及施工要求来综合考虑配置。

3. 砂卵砾石颗粒石英含量对盾构施工的影响

卵石、砾石的矿物成分主要以石英、长石为主。因石英含量较高，卵石、砾石的单轴抗压强度亦较高。即影响盾构掘进的主要问题之一就是卵石、漂石中石英含量高，颗粒强度高，易撞击导致刀具硬质合金崩裂，造成刮刀初次磨损。同时，渣土中的石英又易造成刀具的二次磨损。

8.3　基于盾构施工的测试方法

8.3.1　卵石层全粒径颗粒分析

对于一般的粗粒土采用筛分法，得到各粒组的含量，计算不均匀系数与曲率系数，从而判定土的粒径大小和级配状况，为土的分类、定名和工程应用提供依据，指导工程施工。建筑、公路和铁路等工程的土工筛分法适用范围为粒径大于 0.075mm 的粗粒土，对于粒径大于 60mm 的土样，此试验方法不适用。特别是对于砂卵砾石地层，当存在大于 200mm 的颗粒时，很难列入颗粒分析成果中。此外，颗分成果是选取代表性试样来进行统计，筛分取样数量的差异、取样的代表性直接决定了颗分成果的准确性。

因此，针对大粒径颗粒起决定作用的工程砂卵砾石地层盾构施工而言，应进行该地层的全颗粒分析。表 8.3-1 为兰州某轨道交通某盾构区间卵石筛分成果统计，该卵石试样是在钻孔岩芯中取样，由于钻探的局限性，卵石的颗分试验成果不能充分反映卵石层实际颗粒粒径组成。表 8.3-2 为兰州某轨道交通大型试验基坑开挖过程中进行的砂卵砾石现场筛分成果。试验数据包含了粒径大于 200mm 的漂石含量，但对于盾构机选型，卵石层的颗粒组成，特别是漂石的最大粒径、长短边长度、水平垂直分布等是盾构机选型的关键参考因素。因此，进行卵石层的全颗粒分析，必须进行沿施工线路的大型筛分试验，并对颗分试验成果进行统计分析。

表 8.3-1　　　　　　　兰州某轨道交通某盾构区间卵石筛分成果统计

岩土名称	统计指标	颗粒组成/%								不均匀系数 Cu	曲率系数 Cc
		>60mm	60~40mm	40~20mm	20~2mm	2~0.5mm	0.5~0.25mm	0.25~0.075mm	0.075~0.005mm		
Q₄卵石	最小值	0.00	8.80	9.40	3.10	0.60	0.50	0.20	0.00	2.21	0.10
	最大值	42.30	68.30	32.70	25.70	13.90	12.50	9.40	12.00	310.73	38.28
	平均值	11.63	30.84	22.11	15.19	7.09	5.36	4.87	2.91	113.10	10.29
	标准差	12.890	11.166	5.820	4.905	3.506	3.033	2.458	2.763	66.129	8.624
	变异系数	1.109	0.362	0.263	0.323	0.494	0.566	0.504	0.949	0.585	0.838
	统计个数	37	37	37	37	37	37	37	37	34	34

岩土名称	统计指标	颗粒组成/%								不均匀系数 Cu	曲率系数 Cc
		>60mm	60~40mm	40~20mm	20~2mm	2~0.5mm	0.5~0.25mm	0.25~0.075mm	0.075~0.005mm		
Q_1 卵石	最小值	0.00	13.40	7.50	2.30	0.50	1.00	0.80	−0.01	9.18	0.56
	最大值	34.50	73.10	38.70	21.24	13.70	11.80	8.50	13.60	1072.13	389.67
	平均值	6.44	32.73	24.65	13.87	7.70	5.65	4.09	4.86	213.06	40.80
	标准差	8.60	12.90	6.33	5.39	4.10	2.89	1.69	3.71	239.56	93.16
	变异系数	1.335	0.394	0.257	0.389	0.533	0.511	0.412	0.762	1.124	2.284
	统计个数	24	24	24	24	24	24	24	24	24	24

表 8.3-2　　　　　　　　　　　　现场筛分成果统计表

岩土名称	试样编号	颗粒组成/%									不均匀系数 Cu	曲率系数 Cc
		500~200mm	200~60mm	60~20mm	20~5mm	5~2mm	2~0.5mm	0.5~0.25mm	0.25~0.075mm	<0.075mm		
Q_4 卵石	最小值	3.8	14.3	29.5	16.2	2.9	4.5	4.0	4.5	5.3	147.8	11.5
	最大值	8.3	15.5	34.8	20.8	4.1	5.2	5.0	6.8	7.0	186.8	12.9
	平均值	5.9	17.9	32.6	16.9	3.6	4.9	5.6	5.6	6.6	182.9	13.2
	标准差	2.334	0.544	1.975	1.855	0.410	0.226	0.433	0.703	0.665	32.439	2.062
	变异系数	0.399	0.037	0.061	0.089	0.113	0.046	0.095	0.126	0.101	0.177	0.156
	统计个数	8.0	8.0	8.0	8.0	8.0	8.0	8.0	8.0	8.0	8.0	8.0
Q_1 卵石	最小值	4.2	15.0	29.9	17.0	4.8	5.0	4.6	4.5	5.6	125.1	6.9
	最大值	6.0	15.8	34.0	20.6	5.3	5.9	5.9	6.0	6.0	139.2	9.8
	平均值	5.3	16.4	32.7	18.2	5.0	5.1	5.4	4.9	5.9	133.6	8.0
	标准差	0.872	0.337	1.517	0.263	0.231	0.150	0.560	0.330	0.200	6.021	1.222
	变异系数	0.164	0.022	0.049	0.012	0.046	0.029	0.104	0.067	0.034	0.045	0.152
	统计个数	6.0	6.0	6.0	6.0	6.0	6.0	6.0	6.0	6.0	6.0	6.0

　　此外，考虑卵石地层取样以点代线或以点代面的局限性，为了最大限度查明盾构沿线砂卵砾石地层颗粒组成，还需进行沿线地层露头中漂卵石粒径的调查。

　　某轨道交通工程部分区间沿线试验基坑、临近线路建筑基坑及钻孔资料调查显示，Q_4、Q_1 卵石层普遍存在粒径大于 20cm 的漂石，分布随机性较强，并无明显的成层规律，已知最大粒径长轴为 55cm，漂石在 Q_4 卵石层含量约为 6%，在 Q_1 卵石层含量为 4% 左右，且分布不均匀。漂石长轴方向一般为近水平向并指向下游，短轴方向垂直地面，卵石母岩成分以花岗岩、石英岩等为主。

8.3.2　基于盾构施工的漂石颗粒分组

　　目前，各行业规范关于土的粒组划分中，漂石（块石）组规定粒径 $d > 200mm$，200mm 以上大漂石再无具体划分。但是在砂卵砾石地层盾构中，经常遇到 300mm 以上的漂石（表 8.3-3），甚至 1000mm 以上的孤石，造成盾构渣土无法排出、刀盘卡死等问题。因此，砂卵砾石地层盾构掘进过程强调对大漂石的破碎过程。

表 8.3-3　　　　　　部分城市盾构施工遇到的漂石与盾构机可通过粒径　　　单位：mm

序号	地铁线路	地层最大粒径	刀盘开口可通过粒径
1	兰州 1 号线	550	＜300
2	成都 1 号线	670	＜325
3	成都 3 号线	500	260×500
4	成都 4 号线	660	350
5	北京 9 号线	540	300

目前的勘察成果对漂石的颗粒分析，只能从大概的含量、尺寸成果方面反映其分布特征。因此，从盾构机选型的角度，建议将 200mm 以上大漂石再进行粒组的划分，见表 8.3-4，以此作为评价盾构机开口率和开口尺寸的指标之一。

表 8.3-4　　　　　　　　　　漂石的粒组划分建议表

序号	粒组名称		粒径/mm	备　　注
1	漂石	漂 I 型	$300>d>200$	可需破碎，可进入盾构刀盘开口
2		漂 II 型	$500>d>300$	主要城市遇到的盾构刀盘需特殊设置破碎的漂石粒径
3		漂 III 型	$d>500$	罕遇孤石粒径，需盾构开仓采取特殊破碎措施

8.3.3　卵石颗粒饱和单轴抗压强度

盾构机穿越砂卵砾石地层时，刀具磨耗是影响盾构掘进的又一个主要问题。刀具磨耗通常通过提高刀具耐磨性和掘进过程中的换刀来解决，这不仅增加了施工的成本，而且增加了施工的风险。因此，卵石地层中高强度卵石含量、强度等参数对盾构机的选取具有决定意义。

目前，针对卵石颗粒强度测试主要有点荷载试验和试样经加工后采用压力机进行的单轴抗压强度试验。点荷载试验主要用于岩石分类及岩石各向异性的测定，并可计算其单轴抗压强度和抗拉强度。由于试件可直接选用钻探岩芯及不规则的岩块，因此它适用于卵石颗粒强度的测定等。单轴抗压强度试验测定规则形状岩石试件的单轴抗压强度，主要用于岩石的强度分级和岩性描述，采用饱和状态下的岩石立方体（或圆柱体）试件的抗压强度来评定岩石强度（包括碎石或卵石的原始岩石强度）。

根据现场调查和室内试验，兰州某轨道交通工程黄河附近某场地卵石主要成分为花岗岩、石英岩、砂岩、砾岩及灰岩。依据室内试验成果，卵石颗粒岩性与单轴抗压强度见表 8.3-5。

表 8.3-5　　　　　　　某区间卵石颗粒岩性与单轴抗压强度指标

编号	岩　　性	单轴抗压强度/MPa	
		干燥	饱和
1	灰岩	58	41
2		72	59

编号	岩 性	单轴抗压强度/MPa	
		干燥	饱和
3	砂岩	65	47
4		90	72
5	花岗岩	83	57
6		110	90
7	石英岩	101	70
8		163	132
9	砾岩	70	57
统计个数		9	9
最大值		163	132
最小值		58	41
平均值		90.2	69.4
标准差		32.155	27.555
变异系数		0.356	0.397

由表 8.3-5 可以看出，卵石地层中卵石颗粒的干燥单轴抗压强度为 58～163MPa，饱和单轴抗压强度为 41～132MPa。显然，卵石的岩性决定着卵石单轴抗压强度的大小，当母岩为石英岩或花岗岩时抗压强度较大，当母岩为灰岩或砂岩时抗压强度较小。

8.3.4 卵石颗粒石英含量

在兰州某轨道交通工程富水卵石层的勘察过程中，根据粉晶 X 射线衍射结果定性半定量分析，某穿黄区间砂卵砾石地层卵石颗粒的矿物成分主要以石英、斜长石为主（表 8.3-6），卵石的石英含量为 54.72%～98.64%（表 8.3-7）。此外，卵石形成的地质年代对石英含量也有较大影响，下部 Q_1 卵石较上部 Q_4 卵石石英含量较高。

表 8.3-6　　　　　　　　　场地卵石矿物成分含量统计表　　　　　　　　　　　%

土样编号	地层编号	石英	伊利石	方解石	斜长石	钾长石	黑云母	绿泥石	堇青石	其他
M-3	Q_4	54	3	—	26	3	—	13	—	1
M-7	Q_4	52	14	—	4	—	18	2	8	2
M-11	Q_4	66	—	2	17	3	—	9	—	3
M-15	Q_4	90	3	1	3	—	—	2	—	1
平均值		65.5	5	0.75	13	1.5	6	6.5	2	1.75
M-4	Q_1	71	4	4	13	—	—	7	—	1
M-10	Q_1	60	—	—	10	3	14	7	—	6
M-12	Q_1	63	—	—	23	4	—	5	—	5

续表

土样编号	地层编号	石英	伊利石	方解石	斜长石	钾长石	黑云母	绿泥石	董青石	其他
M－14	Q₁	96	2	1	1	—	—	—	—	—
M－16	Q₁	73	2	5	18	—	—	2	—	—
平均值		72.6	1	1.5	13	1.75	3.75	1.9	1.75	2.75

表 8.3－7　　　　　　　　　　下穿黄河段卵石石英含量统计表　　　　　　　　　　%

试样编号	石英含量	试样编号	石英含量
L－1	64.55	L－10	61.32
L－2	63.99	L－11	98.64
L－3	98.22	L－12	95.42
L－4	61.32	统计个数	12
L－5	62.44	最大值	98.64
L－6	54.72	最小值	54.72
L－7	69.74	平均值	77.23
L－8	97.94	标准差	18.427
L－9	98.50	变异系数	0.239

兰州某轨道交通工程 1 号线穿黄区间地层位于深厚卵石层中，在卵石中进行盾构施工应特别注意刀具的选择以及不同规格刀具之间的相互配置，否则会加快刀具磨损速度以及冲击崩坏现象，卵石中石英含量大小为盾构机刀具的选择以及不同规格刀具之间的相互配置提供了重要参数。盾构刀盘应注意设置合理的开口尺寸和开口率，同时还应采取各种辅助措施来降低磨耗，如改良渣土、增加流动性、加注泡沫剂或泥浆等，以增加刀盘润滑，降低磨耗等。盾构施工阶段中，应注意控制好盾构刀盘的推进速度、转速和锥入度，并彼此协调，以防止高速运转和大锥入度导致的初次磨损和二次磨损。

8.4　基于盾构施工的勘察技术

含有漂（块）石等大粒径的砂卵砾石土层，原位密度、天然级配均很难确定。而室内试验由于仪器尺寸的限制，需要对土料的天然级配进行缩尺，使得室内试验采用的模拟级配与土层天然级配可能存在差别，含大粒径的土石料变形特性的室内模拟试验方法（包括制样密度控制标准、模拟级配缩尺、极限尺寸确定方法和试验结果整理方法等）是目前尚不成熟且迫切需要解决的疑难问题。

由于上述这些困难和原因，使得单纯依靠取样进行室内试验，很难可靠把握砂卵砾石层的工程特性。因此，其物理力学指标的测试分析应以现场试验和室内试验相结合，且侧重原位试验。表 8.4－1 为基于盾构施工所需砂卵砾石层物理力学指标的测试方法。

表 8.4-1　　　　　　基于盾构施工所需砂卵砾石层物理力学指标的测试方法

序号	试验项目		试验方法	建议技术要求	备注
1	物理性质	密度	灌水法、灌砂法	最大粒径每增大 20mm，试坑直径和深度各增加 50mm，试坑可采用机械开挖，人工修整，可优先适用灌水法	原位试验
2		含水率	烘干法	试样应多取一些，大于 60mm 粒径可不参与烘干，但含水率计算中应计入湿土和干土质量	室内试验
3		颗粒分析	现场大型筛分法（全颗粒分析）	取样体积大于最大粒径的 4～5 倍。特制 200mm 的筛网筛分，200mm 以下可用普通震动筛，200mm 以上人工测量漂石尺寸和质量，最后计入总试样	原位试验
4		矿物成分	粉晶 X 衍射定性半定量分析、磨片鉴定	参考该试验所需仪器制样要求	室内试验
5		放射性指标	综合测井	参考《公路工程物探规程》（JTG/T 3222）和试验所需仪器钻孔要求	原位试验
6		热物理指标	稳态法及瞬态法	参考导热系数测试仪、比热容测试仪仪器制样要求	室内试验
7	力学性质	剪切指标	大型原位剪切试验、室内大型剪切试验	每组试验土体不少于 3 个，剪切面不宜小于 0.3m²，高度不宜小于 20cm 或为最大粒径的 4～8 倍。加载可用反力框架、堆载等方式	原位试验
8		压缩指标、基床系数	静载试验	载荷试验承压板面积不宜小于 0.5m²。加载可用反力框架、堆载等方式	原位试验
9		颗粒饱和单轴抗压强度	点荷载试验、压力试验机单轴抗压强度试验	参考该试验所需仪器制样要求	室内试验

注　表中"建议技术要求"在《土工试验方法标准》（GB/T 50123—2019）、《铁路工程物理勘探规程》（TB 10013—2004）、《环境地表 γ 辐射剂量率测定规范》（GB/T 14583—93）、《城市轨道交通岩土工程勘察规范》（GB 50307—2012）等基础上进行补充。

此外，针对砂卵砾石层以上特点，基于富水卵石层中盾构施工，砂卵砾石层的颗分试验成果分析应遵循以下原则：

（1）在勘察过程中，应在现场进行原位全颗粒分析试验，试验场地应沿盾构区间线路及相邻车站分布，可采取利用既有建筑基坑和大型原位试验特别开挖探坑相结合的策略，宜布置若 6 组及以上筛分试验。

（2）针对不同深度内的卵石、漂石含量进行统计、分层，对漂石水平向和垂直分布进行统计分析，统计项目包括漂石长、短边长度、最大粒径、岩性和沉积形态等。

（3）根据漂石的深度分布变化，对比隧道埋深范围内漂石出现概率和分布特征。

8.5　隧道盾构工程中砂卵砾石层施工控制实践

近年来，随着盾构技术的改进发展，盾构施工法已在我国各地隧道工程项目中获得大力推广，广泛应用于地铁、公路、水务、电力等各种用途的隧道项目。由于其掘进速度快、对环境影响小等显著特点，盾构隧道施工法正超越其他隧道施工法，成为隧道施工的主流。

但是受种种因素的影响，盾构施工失误也常有发生，其中有些导致了施工事故，并对周边环境造成影响。通过对盾构工程事故起因分析可以发现，对工程项目所处的地质和水文条件的误判是造成盾构施工事故的重要原因之一。

利用提出的砂卵砾石层勘察技术和砂卵砾石层快速施工技术，基于某轨道交通一期工程2条穿黄河隧道盾构工程，研究城市轨道交通工程富水砂卵砾石层的控制措施。

8.5.1　兰州某轨道交通工程黄河隧道概况

兰州某轨道交通工程线路在"三滩"地区2次下穿黄河，形成2座黄河隧道，均采用双洞单线结构形式。本工程为黄河上第一条交通工程隧道，亦是黄河上第一条盾构隧道。

该隧道位于七里河断陷盆地内，巨厚状富水砂卵砾石层，地下水位于地面以下5～8m。场地自上而下分别为第四系全新统杂填土、黄土状土、中砂、2-10卵石，以及第四系下更新统的3-11卵石。黄河隧道平面及地质纵断面见图8.5-1和图8.5-2。

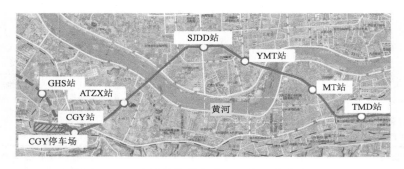

图8.5-1　兰州某轨道交通工程黄河隧道平面图

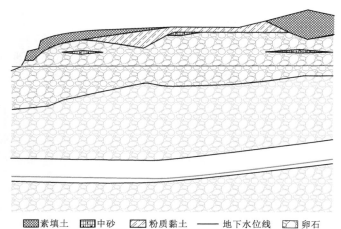

图8.5-2　兰州某轨道交通工程黄河隧道地质纵断面图

据工程勘察成果，3-11 卵石层的漂石、卵石平均含量为 64.53%，一般粒径为 20～250mm，最大粒径为 500mm，石英平均含量为 77%。卵石层内胶结体随机分布，泥质胶结为主，钙质胶结次之。卵石平均饱和抗压强度为 41～132MPa。地下水丰富，最高承受水头 38m，地层渗透系数为 55～60m/d，地下水补给迅速，属强透水地层，隧道围岩综合分级为Ⅵ级。黄河隧道的砂卵砾石层独具特点，采用盾构法长距离连续性穿河施工具有很大的工程难度。

8.5.2　盾构设备选型

决定盾构设备选型的主要因素为地层、地质及水文条件。兰州某轨道交通工程黄河隧道位于 3-11 卵石层，据工程勘察成果，平均渗透系数为 55～60m/d，从地层渗透系数考虑盾构设备选型，应优先选择泥水平衡盾构。图 8.5-3 中，地层砂卵砾石粒径以 20～250mm 为主，左侧下部的浅黄色区域为黏土、淤泥质土粉细颗粒区，属土压盾构适用的颗粒级配范围；深黄色夹卵砾石区域砂卵砾石粗颗粒区，属泥水平衡盾构适用范围；两区域中间地带为粗砂、细砂中等颗粒区，既可采用泥水平衡盾构，也可将地层改良后采用土压平衡盾构施工。

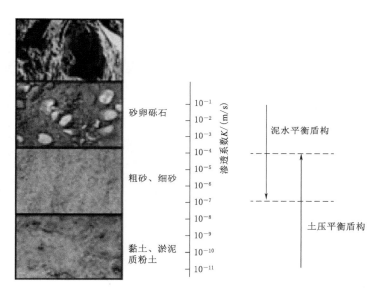

图 8.5-3　地层渗透系数与盾构选型关系示意图

从图 8.5-3 和图 8.5-4 可看出，无论按地层渗透系数还是按颗粒级配划分，采用盾构设备的条件都不是绝对或唯一的，都有一些重叠区域或空白区域。根据地层渗透系数条件，3-11 卵石层适宜采用泥水平衡盾构；而从颗粒级配划分，部分颗粒范围经地层改良后可采用土压平衡盾构，部分颗粒范围适宜采用泥水平衡盾构，还有部分颗粒范围属于空白区，当颗粒直径在 150mm 以上甚至更大时，即便是泥水平衡盾构也将不是非常适用，这也恰恰说明了大粒径砂卵砾石、漂石地层是盾构设备掘进的难点。

从安全角度来说，按照相关工程经验，当地层水压大于 0.3MPa 时，宜采用泥水平衡盾构，此时土压平衡盾构的螺旋输送机难以形成有效的土塞效应，易发生渣土喷涌；如确

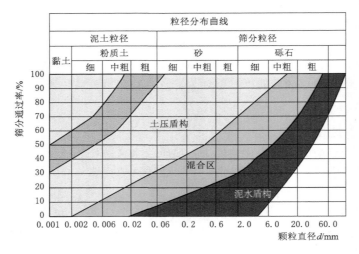

图 8.5 - 4　地层颗粒级配划分与盾构选型关系示意图

要采用土压平衡盾构，则需进行地层改良，并增大螺旋输送机长度或采用二级螺旋输送机，尽量防止喷涌。

根据该工程黄河隧道的勘察成果资料，考虑施工安全为最主要的因素，下穿黄河河道段应采用泥水平衡盾构，岸滩陆域段可采用泥水平衡盾构，也可采用土压平衡盾构，但随着掘进埋深及水压的增大，宜采用泥水平衡盾构。

8.5.3　盾构施工控制

穿黄河隧道盾构施工掘进困难，问题主要体现为：大粒径卵石积仓滞排，刀盘刀具及出渣管路磨损严重，泥浆击穿河床无法保压等。结合勘察成果，针对以上问题进行深入分析发现，弱胶结卵石地层中高强度大粒径卵石的存在与地层富水是导致上述问题的主要原因。

1. 卵石积仓滞排及应对措施

在岩土工程勘察阶段该工程黄河隧道试验基坑卵石全颗粒分析成果显示，3 - 11 卵石层普遍存在粒径大于 200mm 的漂石，已知最大粒径长轴为 500mm（漂 II 型），含量在 4% 左右，分布随机性较强，并无明显的成层规律。漂石长轴方向一般为近水平向并指向下游，短轴方向垂直地面。

根据勘察成果，穿黄隧道大粒径卵石含量高，在盾构施工时容易在刀盘与吸口之间、前闸门与碎石机之间堆积，造成滞排，使正常的泥水循环无法建立，势必造成渣土无法顺利排出而进行开挖仓，并往复形成恶性循环，加重积仓情况。

针对可能出现的卵石堆积仓底滞排情况，施工单位将原刀盘背后改造增设加长型搅拌棒，使其与泥浆门距离缩短为 190mm，大大增强了土仓底部的搅拌能力，有效减少了卵石积仓滞排概率。同时加大吸口处出浆管冲洗流量，增加泥浆黏度及比重以更好地悬浮卵石，多次冲洗与反冲洗，促使卵石翻腾避免堆积。一旦出现滞排需人工带压进仓，对气垫仓堆积部位进行清理。

2. 刀具磨损严重及应对措施

盾构机在盾构掘进中刀具与卵石不断碰撞冲击，会使刀具损耗严重，而且隧道掘进埋深大、水压高，刀具与卵石持力后发生偏磨，高压泥浆易进入刀体内导致轴承损坏，进一步引发刀具损坏，从而增加施工的成本和风险。因此，盾构施工前准备适合的刀具对盾构工程的顺利实施有着重大的影响，而盾构刀具的选择与地层中卵石的成分、强度、石英含量有直接的关系。

由岩土工程勘察资料可知，该工程黄河隧道场地卵石主要成分为花岗岩、石英岩、砂岩、砾岩及灰岩；卵石颗粒的干燥单轴抗压强度为 58～163MPa，饱和单轴抗压强度为 41～132MPa，石英平均含量为 77%。施工单位将原刀盘上 10 把边缘滚刀调整为双刃刀，正面 23 把滚刀大轨迹线采用 5 把双刃滚刀，剩余 18 把采用单刃滚刀，与厂家协商加强刀具轴承密封耐压性能，掘进一定距离后，主动对刀具检查更换。通过上述措施，可确保每把刀的开挖直径，也可有效防止刀盘面板受损，保证了盾构施工的顺利实施。

3. 泥浆击穿河床无法保压及应对措施

黄河隧道卵石平均粒径大，渗透系数为 55～60m/d，主河道下方平均每环管片失浆量为 50m³，最高失浆量达 100m³，高压泥浆击穿河床与黄河联通，在黄河水面上能反映出河床溢浆而引发的气泡。此时容易引发地层坍塌卡住盾构机，而盾构一旦在黄河底部被卡，需要带压进仓进行人工清理，会严重影响进度。

施工单位在施工过程中，下穿河道时严格控制切口泥水压波动范围在 −20～+20kPa之间，保证开挖面稳定，必要时人工控制掘进参数；如河底轻微冒浆，在不降低开挖面泥水压下可继续推进，使盾构快速穿过冒浆区；如河底冒浆严重不能推进，应适当降低开挖面泥水压力；采用特种制浆剂提高泥浆比重和黏度，黏度控制在 30～40Pa·s，比重控制在 1.18～1.22g/cm³；盾构通过冒浆区域一段距离后，及时进行壁后注浆，按理论注浆量的 200% 以上充分填注。通过上述措施，在整个主河道下方盾构施工过程中没有出现地层坍塌等严重事故，保证了工程的顺利实施。

8.6 本章小结

（1）目前的勘察成果对漂石的颗粒分析，只能从大概的含量、尺寸方面反映地层分布特征。基于盾构机选型的角度，建议将 200mm 以上大漂石以 300mm 和 500mm 为界限进行粒组划分，作为评价盾构机开口率和开口尺寸的指标之一。

（2）对于盾构机选型，卵石层的颗粒粒径，特别是大粒径卵石的含量是盾构机选型的关键参考因素。要进行卵石层的全颗粒分析，必须进行现场的大型筛分试验，并进行颗粒分析成果的统计分析。同时，重点查明卵石颗粒的矿物成分，地层中卵、漂石的石英含量，卵石单轴抗压强度等。

（3）在砂卵砾石地层中进行盾构施工，存在大粒径卵石积仓滞排、刀盘刀具及出渣管路磨损严重、泥浆击穿河床无法保压等诸多问题，必须根据勘察成果和施工过程动态调整施工工艺和相关参数，以保证施工顺利完成。

参 考 文 献

[1] 赵兵，黄荣. 成都地区砂卵石的抗剪强度探讨 [J]. 价值工程，2011，30（18）：61-62.

[2] 桂金祥，李建强，王佳亮. 成都地铁4号线二期盾构隧道漂卵石专项勘察分析 [J]. 隧道建设，2017，37（4）：476-485.

[3] 杨长维，程盼盼. 北京砂卵石地层盾构机选型与设计 [J]. 工程建设与设计，2015：94-96.

[4] 张莎莎，戴志仁. 兰州地铁穿黄段盾构隧道关键技术研究 [J]. 现代隧道技术，2015，52（6）：20-27.

[5] 兰州市城市轨道交通1号线一期工程KC-1标段初步勘查报告 [R]. 西安：西北勘测设计研究院，2011.

[6] 张士龙. 卵砾石地层隧道盾构刀具选型研究 [J]. 铁道建筑，2013，31（4）：91-93.

[7] 代仁平，宫全，周顺华，等. 土压平衡盾构砂卵石处理模式及应用分析 [J]. 土木工程学报，2010，43（5）：292-298.

[8] 王俊，何川，李栋林，等. 砂卵石地层地下水对盾构隧道影响的离散元流固耦合分析 [J]. 隧道建设，2016，3（6）：710-716.

[9] 杨书江，孙谋，洪开荣. 富水砂卵石地层盾构施工技术 [M]. 北京：人民交通出版社，2011.

[10] 杨书江. 富水砂卵石地层土压平衡盾构长距离快速施工技术 [J]. 现代隧道技术，2009，46（3）：8188.

[11] 李海峰. 卵石含量高、粒径大的富水砂卵石地层中盾构机选型研究 [J]. 现代隧道技术，2009，46（1）：5763.

[12] 罗武. 卵砾石地层钻探施工方法 [J]. 新疆有色金属，2003：20-23.

[13] 邱流忠. 对山区河床砂卵石层工程地质钻探技术的探讨 [J]. 中南公路工程，1994，4：49-51.

[14] 曹培，王芳，严丽雪，等. 砂砾料动残余变形特性的试验研究 [J]. 岩土力学，2010，31（S1）：211-215.

[15] 刘建锋，徐进，高春玉，等. 土石混合料干密度和粒度的强度效应研究 [J]. 岩石力学与工程学报，2007，26（增1）：3304-3310.

[16] 李晓，廖秋林，赫建明，等. 土石混合体力学特性的原位试验研究明 [J]. 岩石力学与工程学报，2007，26（12）：2377-2384.

[17] 闵文，孙云志，王启国. 水电工程坝基砾卵石层工程地质特性研究——以金沙江上江一其宗河段河床砾卵石层为例 [J]. 人民长江，2013，44（5）：36-39.

[18] 陈凯，李庆庆，顾敏智. 砂卵石地层金刚石钻进工艺 [J]. 山西建筑，2015：11-0076-03.

[19] 李正昭. 复杂地层金刚石取心跟管钻进技术 [J]. 探矿工程，2003：197-200.

[20] 田小波，史晓亮，贺立军. 砂卵石层孕镶金刚石钻头设计与制造思考 [J]. 西部探矿工程，2002，3：97-98.

[21] 吴志强，李春英. 液动冲击回转钻进技术的应用于体会 [J]. 探矿工程（岩土钻掘工程），2009，36（zl）.

[22] 张新德，白永胜，杨宇明. 空气潜孔锤跟管钻进在卵石地层中的应用效果 [J]. 西部探矿工程，2001，4：1.

[23] 陈六一. 偏心跟管潜孔锤钻进在河床卵石层中的应用 [J]. 探矿工程，1998，4：18-19.

[24] 石金良. 砂砾石地基工程地质 [M]. 北京：水利电力出版社，1991.

[25] 朱宏图. SM 植物胶和 SD 系列金刚石钻进工艺在深厚砂卵石层的应用 [J]. 探矿工程（岩土钻掘工程），2008，35（3）：13-17.

[26] 王勐. SM 植物胶护壁金刚石钻进方法在工程勘察中的应用 [J]. 西部探矿工程，1998，10（5）：59.

[27] 徐德亮. 在砂卵石层中用植物胶金刚石钻进实现高质量取心 [J]. 勘察科学技术，1997，2：40-46.

[28] 韩世莲，周虎鑫，陈荣生. 土和碎石混合料的蠕变试验研究 [J]. 岩土工程学报，1999，21（3）：196-199.

[29] 彭凯，朱俊高，张丹，等. 粗粒土与混凝土接触面特性单剪试验研究 [J]. 岩石力学与工程学报，2010，29（9）：1893-1900.

[30] 董云，柴贺军. 土石混合料剪切面分形特征的试验研究 [J]. 岩土力学，2007，28（5）：1015-1020.

[31] 董云，柴贺军，杨慧丽. 土石混填路基原位直剪与室内大型直剪试验比较 [J]. 岩土工程学报，2005，27（2）：235-238.

[32] 董云，柴贺军. 土石混合料室内大型直剪试验的改进研究 [J]. 岩土工程学报，2005，27（11）：1329-1333.

[33] 汤劲松，刘松玉，童立元，等. 卵砾石土抗剪强度指标原位直剪试验研究 [J]. 岩土工程学报，2015，37（增 1）：167-171.

[34] 黄广龙，周建，龚晓南. 矿山排土场散体岩土的强度变形特性 [J]. 浙江大学学报（工学版），2000，34（1）：54-58.

[35] 徐文杰，胡瑞林，曾如意. 水下土石混合体的原位大型水平推剪试验研究 [J]. 岩土工程学报，2006，28（7）：814-818.

[36] 赵川，石晋旭，唐红梅. 三峡库区土石比对土体强度参数影响规律的试验研究 [J]. 公路，2006，11：32-35.

[37] Nina Stark, Alex E. Hay. Pebble and cobble transport on a steep, mega-tidal, mixed sand and gravel beach [J]. Marine Geology, 2016, 382 (12): 210-223.

[38] Wyrick J R, Pasternack G B. Geospatial organization of fluvial landforms in a gravel-cobble river: Beyond the riffle-pool couplet [J]. Geomorphology, 2014, 213 (5): 48-65.

[39] Yasuda N, Matsurnoto N. Dynamic deformation characteristics of sands and rock fill materials [J]. Canadian Ceotechnical Journal, 1993, 30 (3): 747-757.

[40] Debecker B, Vervoort A. Experimental observation of fracture patterns in layered slate [J]. Int J Fract, 2009, 159: 51-62.

[41] Prudencio M, Van S J M. Strength and failure modes of rock mass models with non-persistent joints [J]. International Journal of Rock Mechanics & Mining Sciences, 2007, 44: 890-902.

[42] Swoboda G, Yang Q. An energy-based damage model of geomaterials Ⅱ: deduction of damage evolution laws [J]. Int J Solids Struct, 1999, 36 (4): 1735-1755.

[43] Kachanov Mark L. A microcrack model of rock inelasticity part I: Frictional sliding on microcracks [J]. Mechanics of Materials, 1982, 1 (6): 19-27.

[44] Alonso E E, Oetega, Iturralde E F, et al. Dilatancy of coarse granular aggregates [J]. Experimental Unsaturated Soil Mechanics, 2007, 112: 119-135.

[45] Kawakami H, ABE H. Shear characteristics of saturated gravelly clays [J]. Transactions of the Japanese Society of Civil Engineers, 1970, 2 (2): 295-298.

[46] Patwardhan A S, Rao J S, Gaidhane R B. Interlocking effects and shearing resistance of boulders and large size particles in a matrix of fines on the basis of large scale direct shear tests [C]. Proceedings of the 2nd Southeast Asian Conference on Soil Mechanics, Singapore, 1970: 265-273.

[47] 魏燕珍，邓辉，谢轲，等. 滑坡堆积体粗粒滑带土强度参数确定方法研究 [J]. 工程勘察，2013，6：23-27.

[48] 周家文，杨兴国，符文熹，等. 脆性岩石单轴循环加卸载试验及断裂损伤力学特性研究 [J]. 岩石力学与工程学报，2010，29 (6)：1172-1182.

[49] 马林建，刘新宇，许宏发，等. 循环荷载作用下盐岩三轴变形和强度特性试验研究 [J]. 岩石力学与工程学报，2013，32 (4)：850-856.

[50] 徐天有，张晓宏，孟向一. 堆石体渗透规律的试验研究 [J]. 水利学报，1998，35 (1)：80-83.

[51] 王玉杰，赵宇飞，曾祥喜，等. 岩体抗剪强度参数现场测试新方法及工程应用 [J]. 岩土力学，2006，27 (2)：336-340.

[52] 张建海，何江达，宋伟. 地应力对现场大剪试验的影响 [J]. 四川大学学报（工程科学版），2000，32 (3)：29-33.

[53] 孙海忠，黄茂松. 考虑颗粒破碎的粗粒土临界状态弹塑性本构模型 [J]. 岩土工程学报，2010，32 (8)：1284-1290.

[54] 迟世春，贾宇峰. 土颗粒破碎对罗维剪胀模型模拟的修正 [J]. 岩土工程学报，2005，27 (11)：1266-1269.

[55] 李世海，汪远年. 三维离散元计算参数选取方法研究 [J]. 三维离散元计算参数选取方法研究，2004，23 (21)：3642-3651.

[56] 耿丽，黄志强，苗语. 粗粒土三轴试验的细观模拟 [J]. 土木工程与管理学报，2011，28 (4)：24-29.

[57] 胡黎，马杰，张丙印. 散粒体间接触面单剪试验及数值模拟 [J]. 岩土力学，2008，29 (9)：2319-2322.

[58] 吴东旭，姚勇，梅军，等. 砂卵石土直剪试验颗粒离散元细观力学模拟 [J]. 工业建筑，2014，44 (5)：79-84.

[59] 赵志涛，张子新，朱叶艇. 砂卵石-砂土复合试样大三轴数值试验及验证 [J]. 地下空间与工程学报，2014，10 (6)：1300-1306.

[60] 罗振林. 隧道勘探中砂卵石地层钻进数值计算 [J]. 公路工程，2017，42 (3)：266-268，273.

[61] 马腾. 基于离散元数值模拟的砂卵石地层盾构掘进刀盘磨损特性研究 [J]. 铁道标准设计，2017，61 (11)：85-90.

[62] 刘新建，张倍，边金，等. 砂卵石地层管幕施工中地层扰动的数值模拟 [J]. 黑龙江科技学院学报，2017，27 (5)：515-519.

[63] 高明忠，龚秋明，赵坚. 卵石几何特性对其地层变形性能的影响 [J]. 北京工业大学学报，2010，36 (3)：310-315.

[64] 张嘎，张建民. 粗粒土与结构接触面统一本构模型及试验验证 [J]. 岩土工程学报，2005，(10)：1175-1179.

[65] 潘家军，程展林，饶锡保，等. 一种粗粒土非线性剪胀模型的扩展及其验证 [J]. 岩石力学与工程学报，2014，33 (S2)：4321-4325.

[66] 褚福永，朱俊高，赵颜辉，等. 粗粒土初始各向异性弹塑性模型 [J]. 中南大学学报（自然科学版），2012，43 (5)：1914-1919.

[67] 毛昶熙，段祥宝，毛佩郁，等. 海堤结构型式及抗滑稳定性计算分析 [J]. 水利学报，1999，30 (11)：30-38.

[68] Cho N, Martin C D, Sego D C. A clumped particle model for rock [J]. International Journal of Rock Mechanics and Mining, Sciences, 2007, 44 (7)：997-1010.

[69] Potyondy D O. Abonded particle model for rock [J]. International Journal of Rock Mechanics & Mining Sciences, 2004, 41：1329-1364.

[70] Holtz W G, Gibbs H J. Triaxial shear tests on pervious gravelly soils [J]. Journal of the Soil Mechanics and Foundations Division, 1956, 82: 1 – 19.

[71] Chandler R J. The inclination of talus, arctic talus terraces, and other slopes composed of granular materials [J]. Journal of Geology, 1973, 81 (1): 1 – 14.

[72] Lindquist E S, Goodman R E. Strength and deformation properties of a physical model [C] // Proceedings of the 1st North American Rock Mechanics Conference (NARMS). Rotterdam: A A Balkema, 1994: 843 – 850.

[73] Lindquist E S. The strength and deformation properties of mé lange [D]. Berkeley, CA: University of California at Berkeley, 1994.

[74] 徐文杰,胡瑞林,曾如意. 水下土石混合体的原位大型水平推剪试验研究 [J]. 岩土工程学报, 2006, 28 (7): 814 – 818.

[75] Medley E, Lindquist E S. The engineering significance of the scale – independence of some Franciscan melanges in California, USA [C] // DAEMEN J K, SCHULTZ R A ed. Proceeding of the 35th US Rock Mechanics Symposium. Rotterdam: A A Balkema, 1995: 907 – 914.

[76] 徐文杰,胡瑞林. 土石混合体概念、分类及意义 [J]. 水文 地质工程地质, 2009, 36 (4): 50 – 56.

[77] Cundall P A, Strack O D L. A discrete numerical model for granular assemblies [J]. Geotechnique, 1979, 29 (30): 331 – 336.

[78] Shi Chong, Wang Shengnian, Liu Lin, et al. Mesomechanical simulation of direct shear test on outwash deposits with granular discrete element method [J]. Journal of Central South University, 2013, 20 (4): 1094 – 1102.

[79] 石崇,王盛年,刘琳,等. 基于灰度方差统计的冰水堆积体细观建模与力学特性研究 [J]. 岩石力学与工程学报, 2012, 31 (S1): 2997 – 3005.

[80] Yue Z Q, Chen S, Zheng H, et al. Digital image proceeding based on finite element method for geomaterials [J]. Chinese Journal of Rock Mechanics and Engineering, 2004, 23 (6): 889 – 897.

[81] 石崇,沈俊良. 岩土颗粒三维形状表征参数对比分析 [J]. 沈阳工业大学学报, 2017, 39 (4): 469 – 474.

[82] Bagi K. An algorithm to generate random dense arrangements for discrete element simulations of granular assemblies [J]. Granular Matter, 2005, 7 (1): 31 – 43.